Katzen verstehen leicht gemacht

Weitermachen!

Der Schnurrmotor läuft auf Hochtouren – jetzt bloß nicht aufhören! Wenn sich Ihr Tiger so wohlig reckt und schnurrt, dann ist das Glück vollkommen.

Müde bin ich!

Bis zu 20 Stunden täglich schlafen und dösen Katzen, aber nicht am Stück, sondern über den Tag verteilt machen sie viele kleine Nickerchen.

Ein Katzensprung

Und schon ist sie oben: Katzen klettern, springen, balancieren, und zwar virtuos! Deshalb brauchen Wohnungsmiezen auch eine abwechslungsreiche Sprung- und Kletterlandschaft und viel Beschäftigung, damit sie den Freilauf nicht vermissen.

Neugierig

Wenn Katzen etwas entdecken, das ihr Interesse erregt, müssen sie unbedingt nachschauen, um ihre Neugier zu befriedigen. Geschickt balanciert das Kätzchen über die Lehne.

Hasch mich!

Katzen brauchen Spielzeug wie die Luft zum Atmen. Haschen, Fangen, Springen, „Totbeißen" – Ihr Wohnungstiger muss sein Jagdfieber auch ausleben können, um gesund zu bleiben.

Hier stimmt was nicht!

Die rote Tigerkatze ist sich nicht sicher, ob sie die Flucht nach vorn oder nach hinten antreten soll. Deutliche Zeichen von Unterlegenheit und Angst sind der abgeduckte Körper und die leicht nach hinten gelegten Ohren.

„Komm mir nicht zu nahe!"

Wenn Ihre Samtpfote die Zähne zeigt und faucht, nehmen Sie lieber die Hand weg. Sonst fährt sie ihre Krallen aus. Ärgert sich eine Katze, verengen sich die Pupillen und die Schnurrhaare sträuben sich nach vorn.

Alles meins!

Wenn Katzen so niedlich ihr Köpfchen reiben, markieren sie dabei ihr Revier mit ihren an den Wangen sitzenden Duftdrüsen. Aber Köpfchenreiben ist auch ein Zeichen für Zuneigung. Denn markiert wird nur, wer auch geliebt wird.

Auf dem Rücken drücken!

Die Katze rollt sich mitsamt ihrer Beute auf den Rücken und drückt sie an sich. Dann beißt und balgt sie mit ihrer Spielzeugmaus. In der Rückenlage sind Katzen keinesfalls unterlegen oder hilflos. Denn so haben sie alle vier Pfoten frei und können zuschlagen.

Inhalt

1

2

1

Kaufen und versorgen

Es geht auch ohne Freilauf
Glückliche Wohnungskatzen

Sehr viele Katzenfreunde haben sich mit der Frage auseinandergesetzt, ob man Katzen ausschließlich in der Wohnung oder mit freiem Auslauf halten sollte. Immer mehr kommen zu dem Entschluss, ihre Katze nicht mehr den Gefahren des freien Auslaufs auszusetzen. Denn selbst in ländlichen Gegenden kann man Katzen nicht mehr ohne Unfallgefahr laufen lassen.

Freilauf ist gefährlich

Nicht nur dem Straßenverkehr fallen jährlich unzählige Katzen zum Opfer, auch Gift, Pflanzenschutzmittel, Infektionskrankheiten und Parasiten sorgen dafür, dass die Lebenserwartung der Freilaufkatzen immer mehr abnimmt.

Diebstahl für den „Eigenbedarf" kommt vor oder, was noch schlimmer ist, für den Verkauf an Institute oder Labors. Auch mancher Jäger trägt dazu bei, dass die Katzenpopulation nicht zu groß wird. Laut dem Deutschen Bundes-Jagdgesetz sind sie berechtigt, frei laufende Katzen, die mehr als 300 Meter entfernt von einem Wohngebiet angetroffen werden, einzufangen oder gar zu erschießen.

Glücklich in der Wohnung

Ein Großteil der heute bei uns lebenden Hauskatzen sind reine Wohnungskatzen. Ihre Menschen möchten die Katzen vor den Gefahren des Freilaufs schützen. Und sie brauchen deshalb

Eine anhängliche Gefährtin: Die Norwegische Waldkatze „hilft" bei den Hausaufgaben.

Gemeinsam nie einsam:
Zwei Wohnungskatzen
sind ideal für Berufstätige,
die ihre Katzen häufiger
allein lassen müssen.

kein schlechtes Gewissen zu haben.
Denn Katzen akzeptieren durchaus
eine interessant und abwechslungs-
reich gestaltete Wohnung mit gesicher-
tem Freisitz an der frischen Luft als
alleinigen Lebensraum.

Entscheiden Sie für Ihre Katze

Der Mensch muss also über die
Lebensbedingungen der Katze entscheiden. Er muss wählen, ob sie zum
Stubentiger wird oder den vielen
Gefahren des freien Auslaufs ausge-
setzt werden soll. Diesbezüglich muss
jeder nach seinen wohnlichen Gege-
benheiten und familiären Gepflogen-
heiten selbst eine Entscheidung treffen,
die aber unwiderruflich sein sollte.
Eine an Freiheit gewöhnte Katze in die
Wohnung zu verbannen, wird wohl
schwerlich gelingen. Aber man kann
sich bei der Anschaffung gezielt nach
einer im Haus aufgewachsenen Katze
umschauen oder ein junges, noch nicht
geprägtes Katzenkind aufnehmen.

Eine interessant gestaltete
Wohnung ist Pflicht. Sonst
wird es den Samtpfoten
ohne Freilauf langweilig.

Wenn Katzen von Geburt an in der
Wohnung gehalten werden, vermissen
sie nichts – vorausgesetzt, ihre Bedürfnisse (Futter, Wasser, Toilette, Bewegung, Kontakt, Schmuseeinheiten) werden erfüllt und sie fühlen sich wohl.
Am besten nehmen Sie bei reiner Wohnungshaltung aber zwei Katzen zu sich
(siehe auch Seite 12). Die Katzen können sich gemeinsam die Zeit vertreiben, wenn Sie berufstätig bzw. täglich
mehrere Stunden außer Haus sind.

Für einen guten Start
Überlegen und informieren

Wenn Kind und Katze gemeinsam aufwachsen, werden sie dicke Freunde. Lassen Sie Baby und Kleinkind aber nie allein mit Ihrem Stubentiger.

„Eine Katze gibt dem Haus die Seele." Diese wunderbare Erklärung für das, was die Katze dem Menschen schenkt, schrieb der französische Schriftsteller Clébert in seinem Buch über die Provence. Damit Sie Ihrer Katze alles geben können, was sie für ein glückliches Katzenleben braucht, sollten Sie vorher Ihre Lebensumstände prüfen.

Wie sag ich's Vermieter und Nachbarn?

Ist die Katzenhaltung erlaubt? Das ist die erste Frage, die man klären muss, bevor man sich auf die Suche nach der Katze macht. Selbst wenn in Ihrem Mietvertrag ein Tierhaltungsverbot enthalten ist, kann der Vermieter Ihnen das nicht grundsätzlich auferlegen, denn laut Bundesgerichtshof ist ein generelles Verbot von Tieren in einer Mietwohnung unzulässig. Fragen Sie Ihren Vermieter, ob er Ihnen die Haltung einer Katze erlaubt. Er darf es Ihnen eigentlich nur dann verbieten, wenn die Tierhaltung Nachteile für die anderen Mieter oder die Mietsache hat, z. B. Ruhestörung oder Beschädigung durch eine oder mehrere Katzen. Wenn Sie eine Eigentumswohnung haben, sollten Sie die anderen Eigentümer bzw. den Verwalter informieren.

Allergien

Bevor die Katze einzieht, sollten Sie klären, ob niemand, der mit der Katze zusammenleben wird, eine Tierhaarallergie hat. Sind Sie oder ist jemand in Ihrer Familie auch schon auf andere Stoffe allergisch, ist es ratsam, zur Sicherheit einen speziellen Allergietest machen zu lassen. Fällt der negativ aus, steht der Katzenhaltung nichts im Wege. Ist man auf eine Katze allergisch, heißt das aber noch lange nicht, dass man auf alle Katzenrassen allergisch reagiert.

Kinder- oder Elterntraum?

„Ich wünsche mir zum Geburtstag oder zu Weihnachten ein Kätzchen!" Viele Eltern hören diesen Satz von ihren Kindern. Wenn Ihr Kind sich eine Katze wünscht und bereit ist, die Pflege zu übernehmen, sollten Sie allerdings auch selbst den Wunsch nach einer Katze haben, denn von dem Kind die alleinige Betreuung des neuen Hausgenossen zu erwarten, wäre reine Illusion. Das Kind sollte alt genug sein. Erst ab ca. zehn Jahren können Kinder unter der Anleitung ihrer Eltern gewisse Aufgaben selbstständig übernehmen.

Katzenhaltung in der Schwangerschaft

Die größte Angst haben werdende Mütter vor der Toxoplasmose. Viele Ärzte raten, eine schon im Haushalt lebende Katze abzugeben, wenn ein Baby unterwegs ist. Denn Katzen können über ihren Kot die Erreger der Toxoplasmose ausscheiden. Eine Abgabe der Katze ist aber nur in den seltensten Fällen nötig. Die meisten Menschen haben irgendwann eine Toxoplasmose-Infektion durchgemacht und sind durch die von der Immunabwehr gebildeten Antikörper geschützt. Schwangere, die noch nie mit dem Erreger in Berührung gekommen sind, sollten sich allerdings in Acht nehmen.

Sind Sie fit für eine Katze?   Test

Folgende Fragen sollten Sie in Ruhe bedenken und nach bestem Wissen und Gewissen beantworten.

- [ ] **Habe ich mich ausreichend über Katzenhaltung informiert?**

- [ ] **Habe ich genügend Zeit, mich um meine Katze zu kümmern, sie zu pflegen und zu beschäftigen?**

- [ ] **Bin ich bereit, Tag für Tag für meine Katze zu sorgen? Ein Katzenleben kann bis zu 18 Jahren und länger dauern.**

- [ ] **Erlaubt der Vermieter bzw. die Hausgemeinschaft die Katzenhaltung?**

- [ ] **Sind alle Familienmitglieder mit der Katze einverstanden?**

- [ ] **Sind alle Familienmitglieder frei von Allergien?**

- [ ] **Stört es mich auch nicht, wenn Haare durch die Wohnung fliegen oder Möbel Kratzspuren abbekommen?**

- [ ] **Die Katze wird sich mit meinen anderen Tieren vertragen bzw. die anderen Tiere sind vor der Katze sicher?**

- [ ] **Kenne ich einen zuverlässigen Katzensitter, der sich während meines Urlaubs um die Katze kümmert?**

- [ ] **Habe ich genügend Geld, um für die laufenden Kosten inklusive Tierarztbesuche aufzukommen?**

Können Sie alle diese Fragen mit Ja beantworten? Prima, Sie sind reif für eine Katze!

Lassen Sie deshalb einen Toxoplasmose-Test machen und lassen Sie die Katze außerdem vom Tierarzt testen. Das Reinigen der Katzentoilette sollte während der Schwangerschaft jemand anders übernehmen. Weiterführende Informationen zu Toxoplasmose finden Sie beispielsweise im Internet unter: www.geburtskanal.de.

Ein Kätzchen bringt Leben in die Bude. Wenn Sie es lieber ruhig mögen, entscheiden Sie sich doch für eine erwachsene Katze.

Bereit für eine Katze

Gesellschaft macht glücklich

Wohnungskatzen sind nicht gern allein. Wenn Sie Ihre Katze länger allein lassen müssen, freut sie sich über einen Artgenossen. Denn ein Tag allein ist für eine Katze wie eine Ewigkeit und nicht artgerecht.

Kätzchen oder erwachsene Katze?

Natürlich ist es wunderschön, das Heranwachsen eines Kätzchens zu erleben. Die meisten Menschen entscheiden sich deshalb auch für ein Jungtier, obwohl so ein junges Kätzchen ganz schön viel Unruhe in den Haushalt bringen kann. Kleine Kätzchen schlafen viel, doch im wachen Zustand sind sie zu allerlei Schabernack und immer zum Spielen aufgelegt, und das am liebsten mit ihrem Menschen. Sie benötigen Ihre ungeteilte Aufmerksamkeit, d.h., Sie müssen Ihre Freizeit mit dem neuen Familienmitglied teilen. Da kleine Kätzchen auch noch mehrere Mahlzeiten am Tag brauchen, empfiehlt es sich für berufstätige oder ältere Menschen, auch eine bereits ausgewachsene Katze zu sich zu nehmen. Bei Katzenhilfsorganisationen oder im Tierheim warten viele solcher Katzen auf ein neues Zuhause.

Kätzin oder Kater?

Grundsätzlich sind Kater größer und vielleicht etwas toleranter gegenüber anderen Katzen, besonders gegenüber den weiblichen, die wiederum sehr dominant sein können. Außerdem ist die Kastration des Katers, was bei einer reinen Wohnungshaltung dringend anzuraten ist, einfacher durchzuführen als bei der Katze. Im Verhalten dem Menschen gegenüber gibt es allerdings keine gravierenden Unterschiede. Sowohl Kater als auch Katzen sind intelligent, lieb und verspielt. Lassen Sie sich deshalb vom Geschlecht nicht beeinflussen, wenn Sie nur ein Tier halten möchten.

Zwei Katzen – doppelte Freude

Obwohl Katzenfreunde wissen, dass eine Katze sehr gut allein sein kann, sind 8 Stunden täglich doch absolut zu viel. Gerade Katzen, die nur in der Wohnung gehalten werden, langweilen sich, sind unglücklich, traurig und

Katzenkinder dürfen frühestens im Alter von 8 Wochen von der Mutter getrennt werden. Rassekatzen können Sie erst ab 12 Wochen zu sich nehmen.

Zwei Katzen können sich die Zeit gemeinsam vertreiben, wenn ihre Menschen bei der Arbeit sind.

Norwegische Waldkatzen sind lebhaft, intelligent und menschenbezogen.

kommen auf dumme Gedanken. Auch wenn Katzen nicht so leicht zu Neurosen neigen, werden sie – oft allein gelassen – früher oder später psychische Schäden aufweisen, z. B. ist Unsauberkeit eine typische Entlastungsreaktion auf psychischen Stress. Sollten Sie noch keine Katzen haben, aber mit dem Gedanken spielen, welche bei sich aufzunehmen, dann sind Sie in der glücklichen Lage, gleich zwei gleichaltrigen Kätzchen, am besten aus demselben Wurf, ein Heim zu bieten. Ob zwei Kater oder zwei Kätzinnen spielt keine Rolle. Einzig bei einem Pärchen, egal ob aus dem gleichen Wurf oder aus verschiedenen, kann unerwünschter Nachwuchs ins Haus stehen. Zwei Katzen wachsen zusammen auf, spielen miteinander, verstecken sich, suchen und fangen sich, kuscheln und putzen sich gegenseitig, schlafen zusammen und können von Mäusen und ihrem Menschen träumen. Es ist sogar wissenschaftlich bewiesen, dass zwei Katzen länger leben, weil sie sich im gemeinsamen Spiel mehr bewegen und glücklicher sind.

Katzen aneinander gewöhnen

Wenn Sie bereits eine Katze haben und ihr erst später einen Spielgefährten dazugeben möchten, so bedenken Sie, dass sich ein Kätzchen während der ersten 6 Lebensmonate ohne Weiteres an ein anderes, gleich welchen Geschlechts, gewöhnen lässt. Je älter die erste Katze ist, umso schwieriger und langwieriger kann sich der Eingewöhnungsprozess gestalten.

Bei einer erwachsenen Katze wird man nur glücklich, wenn die neue Katze noch sehr jung ist, ideal sind 12 bis 13 Wochen, und am besten vom entgegengesetzten Geschlecht.

Für das Aneinander-Gewöhnen sollten Sie sich Zeit nehmen, ein paar Tage Urlaub oder ein verlängertes Wochenende wären von Vorteil. Damit sich die beiden von Anfang an besser riechen können, tupfen Sie dem Neuling einen Tropfen Ihres Parfüms hinters Ohr, der Duft verbindet. Sie können auch beide mit demselben Puder bestäuben, sodass sie gleich riechen. Streicheln und loben Sie Ihre erste Katze mehr, damit keine Eifersüchteleien aufkommen.

Edelkatze oder Straßentiger?

Streichelwonnen – da kommt die Katze aus dem Schnurren nicht mehr heraus.

Wem möchten Sie Ihr Herz schenken: einer rassigen Samtpfote vom Züchter oder dem charmanten Straßentiger?

Welche Katze soll es sein?

Vielleicht schleicht sich ja gerade das nicht ganz perfekte Kätzchen auf leisen Pfoten in Ihr Herz und bezaubert Sie mit seinem Wesen. Alle Katzen sind Individualisten, egal welcher Rasse oder Farbe sie angehören. Es gibt temperamentvolle und ruhigere Samtpfoten. Erkundigen Sie sich vorher über Charaktereigenschaften und Pflegeaufwand. Dann entscheiden Sie sich für die Katze, die am besten zu Ihnen und Ihren Lebensumständen passt. Bei reiner Wohnungshaltung kann eine Rassekatze eine gute Wahl sein.

Fellpflege Tipp

Kurzhaarrassen sind leichter zu pflegen als langhaarige. Perser bedürfen der täglichen Pflege, dagegen verzeihen die halblanghaarigen Katzen eher ein paar vergessene Bürstenstriche.

Hauskatzen

Hauskatzen können an Schönheit, Gesundheit und Liebenswürdigkeit unübertrefflich sein, aber es ist bei einem Jungtier immer etwas Glückssache, was aus so einem verspielten, putzigen kleinen Tier später einmal wird. Bei einer erwachsenen Hauskatze

kennt man schon den Charakter, und sofern sie noch nicht die Freiheiten des Auslaufs kennengelernt hat, ist es absolut möglich, sie auch weiterhin als Wohnungskatze zu betreuen.
Die Farbenpalette von Hauskatzen hat eine unendliche Breite, einfarbig, zwei- und dreifarbig, mit und ohne Tabbyzeichnung usw. Für was Sie sich entscheiden, bleibt allein Ihnen überlassen.

Rassekatzen

Vielleicht haben Sie sich dazu entschlossen, dass eine Rassekatze Ihr Leben mit Ihnen teilen soll, weil Sie gehört haben, dass diese sich leichter in der Wohnung halten lässt.
Zuerst geht es darum, sich für eine bestimmte Rasse zu entscheiden. Prinzipiell werden die Rassekatzen in vier Kategorien unterteilt: Perser und Exotic Shorthair, Halblanghaar, Kurzhaar, Siam und Orientalen. Einen Überblick über die einzelnen Rassen finden Sie ab Seite 16.
Bei der Entscheidung für Ihre Katze hilft Ihnen sicher auch der Besuch einer Katzenausstellung. Hier haben Sie die beste Möglichkeit, die verschiedenen Rassen kennenzulernen sowie Gespräche mit Züchtern zu führen. Informieren Sie sich über Wesen und Temperament der einzelnen Katzenrassen, das recht unterschiedlich ist.

Was kostet eine Katze?

Eine gesunde, entwurmte und geimpfte Jungkatze mit Stammbaum kostet 300 bis 500 Euro. Je nach Rasse können die Kosten auch höher liegen.
Bauernhofkatzen dagegen bekommen Sie meistens umsonst. Aber auch Tierheime und Katzenhilfen verlangen oft eine Spende und die Impfkosten.

Die täglichen Kosten

Futter, Streu und qualitativ gute Pflegemittel kosten ca. 2 Euro pro Tag und Katze. Dazu müssen die jährlichen Impfungen gegen Katzenseuche, -schnupfen, Leukose und Tollwut gerechnet werden. Die monatlichen Kosten belaufen sich also auf ca. 60 Euro für die Katze. Wenn Sie sich mit etwas einfacherer Qualität zufrieden geben, können Sie auch mit etwas weniger hinkommen. 40 bis 50 Euro sollten Sie aber monatlich mindestens pro Katze einplanen.

Zwei Savannahkatzen beim gemeinsamen Kuscheln. Die Savannah ist eine seltene Züchtung aus getupften Haus- oder Rassekatzen und einem Serval.

Checkliste Gesundheit

→ Der Bauch darf nicht dick, aufgebläht, hart oder gespannt sein.
→ Der After muss sauber sein und darf nicht riechen.
→ Die Augen sind klar, das dritte Augenlid (Nickhaut) ist nicht zu sehen.
→ Das Zahnfleisch ist rosa, die Zähne sind weiß und das Gebiss zeigt keine Verformungen (Über- oder Unterbiss).
→ Die Ohren müssen sauber und ohne schwarze Krusten sein (Hinweis auf Ohrmilben).
→ Das Fell ist dicht, weich, glänzend und sauber, ohne Knoten oder Verfilzungen. Es weist keine kahlen Stellen auf.
→ Die Haut ist frei von Ausschlägen und Entzündungen.
→ Im Fell dürfen keine Parasiten zu finden sein. Kleine schwarze Punkte sind Flohkot und weisen auf einen Befall dieser Plagegeister hin.

Perser, Britisch Kurzhaar und Siam

Mögen Sie es lebhaft? Dann ist vielleicht eine Siam die Richtige für Sie! Viele Freunde von temperamentvollen Katzen halten ihr schon seit Jahrzehnten die Treue. Wer es ruhig angehen lassen möchte, kann eine Perser oder Britisch Kurzhaar zu sich nehmen. Sie haben eine runde Figur und sind sehr menschenbezogene Katzen.

Perser & Exotic Shorthair

Perserkatzen sind eine alte, seit über 100 Jahren stets beliebte und sehr liebe Katzenrasse. Sie tragen von allen Katzen das längste Fell und die kürzesten Nasen. Das wunderschöne lange Haar der Perser ist allerdings nicht besonders pflegeleicht. Das Kämmen sollte bei dieser Rasse zur täglichen Pflicht gehören. Gewöhnen Sie das Kätzchen

Die Perser – ruhig, verschmust und sollte täglich gekämmt werden.

deshalb schon früh daran, gekämmt zu werden. Die Exotic Shorthair ist die kurzhaarige Verwandte der Perserkatze und deshalb viel pflegeleichter. Sie wird in allen Perserfarben gezüchtet.

Colourpoint

Zur Perserfamilie zählen die Colourpoints, früher auch Khmerkatzen genannt. Sie haben den Körperbau und das langhaarige Seidenfell der Perser, sind aber wie die Siamkatzen Teilalbinos, haben deren schöne blaue Augen und ihre Färbung, also eine hellere Körperfarbe und dunkler gefärbte Abzeichen im Gesicht, an den Ohren und Beinen sowie am Schwanz. Es gibt sie in den gleichen Farbschattierungen, die man bei Siamkatzen sieht.

Chinchilla

Manche halten sie für eine eigenständige weiße Rasse. In Wirklichkeit gehört die Chinchilla zu den Perserkatzen und hat am Ende der weißen Deckhaare schwarze Haarspitzen, die das Fell wie dunkel überpudert wirken lassen. Die kräftiger „überpuderten" Katzen heißen Silver Shaded.

Britisch Kurzhaar (BKH)

Die Britisch Kurzhaar in Blau (Britisch Blau) kennt man noch unter der Bezeichnung „Kartäuser". Somit ist sie wohl die bekannteste Vertreterin der BKH, die zu den beliebtesten Rassen überhaupt gehört. Die Briten werden in

Links: Britisch Kurzhaar gibt es in vielen Farben.

Rechts: Orientalisch Kurzhaar sind farbige Siamkatzen ohne Maskenzeichnung mit grünen Augen – elegant und voller Temperament.

vielen Farben, nicht nur dem bekannten Graublau gezüchtet. Eine der neuesten Züchtungen ist die Britisch Kurzhaar Colourpoint, also mit Siamzeichnung. Die Gesamterscheinung dieser Katzen ist rund: vom Kopf mit kurzer Nase, großen, tief orangefarbenen Augen bis zum schweren massigen Körper. Das dichte, gleichmäßig kurze Fell fühlt sich wie Samt an. Die Haltung dieser schönen, im Wesen recht ruhigen, unkomplizierten Katze ist relativ einfach, obwohl sie manchmal einen ordentlichen Dickkopf haben kann. Ihre Pflege ist weit weniger aufwendig als z. B. die der Perser. Trotzdem sollte altes loses Haar einmal in der Woche ausgekämmt werden.

Siam und Orientalisch Kurzhaar

Die Orientalen erkennen Sie an ihrem extrem schlanken und lang gestreckten Körper. Die bekannteste Rasse von ihnen ist die Siam, die auch mit halblangem Fell unter dem Namen Balinese gezüchtet wird. Ohne die typische Siamzeichnung heißen diese Katzen Orientalisch Kurzhaar oder Javanesen, wenn sie halblanghaarig sind. Ihr feuriges Temperament steht im reizvollen Kontrast zu ihrer eleganten Erschei-

nung. Sie sind gesprächig, sehr anhänglich und gesellig. Besonders lassen sie niemanden, auch nicht die Nachbarn, im Zweifel, wenn sie auf Partnersuche sind.

Siam

An der Siam faszinieren ihre leicht schräg gestellten, mandelförmigen Augen von tief dunkelblauer Farbe. Die vier Grundfarben sind Seal-point, Chocolate-point, Blue-point und Lilac-point. Bis Mitte der 50-er Jahre war sie eine wesentlich kräftigere und rundköpfigere Katze, der heutige Typ ist extrem stromlinienförmig. Die Siam ist eine wahre Quasselstrippe, die ihrem Besitzer viel zu erzählen hat.

Siamkatzen – lebhaft, gesellig und sehr gesprächig

→ **So finden Sie einen Züchter**

Kaufen Sie Ihre Rassekatze nur bei einem seriösen Züchter. Durch Anzeigen in Fachzeitschriften (z. B. in „Katzen extra", „Geliebte Katze", „Ein Herz für Tiere"), den Besuch einer Katzenausstellung oder bei den Jungtiervermittlungen von Katzenzuchtverbänden (Adressen siehe Anhang) bekommt man Adressen von Züchtern. Gesunde Katzen sind geimpft, gepflegt und leben mit den Menschen in einer Gemeinschaft. Denn für junge Kätzchen ist es sehr wichtig, in Gesellschaft mit Menschen aufzuwachsen. Normalerweise bekommen Zuchtkatzen nur einmal im Jahr oder höchstens dreimal in zwei Jahren Nachwuchs.

*Die Maine Coon –
groß, kräftig, mit
halblangem Fell und
sehr anhänglich*

fällt und im Gegensatz zum Langhaar der Perser keine filzende Unterwolle besitzt. Deshalb neigt es weniger zum Verknoten und ist im Sommer deutlich kürzer und lichter als im Winter.

Maine Coon

Die Maine Coons gehören zu den größten und ursprünglichsten Rassekatzen. Sie haben sich in Maine (USA) eigenständig entwickelt und werden seit über 100 Jahren fast unverändert im Aussehen gezüchtet. Die Maine Coon gibt es in vielen verschiedenen Farbvarianten. Durch ihr anhängliches Wesen und ihre sanfte Stimme sind sie angenehme Mitbewohner.

Norwegische Waldkatze

Die Norwegische Waldkatze ist eine große, kräftige und muskulöse Halblanghaar-Katze, insgesamt jedoch nicht so massig wie die Maine Coon. Ihr Kopf ist dreieckig, mit langer Nase und geradem Profil. Die Ohren sind groß und spitz zulaufend. Der äußere Eindruck dieser natürlichen Katze ist eher wild und kräftig. Den Kontrast dazu bietet ihr Charakter: Sie ist lebhaft, aber sanftmütig, intelligent, anhänglich und menschenbezogen.

Türkische Katzen

Der Türkisch Angora „gehört" inzwischen der Name „Angora" ganz allein. Sie ist jedoch keine Langhaar-Katze, sondern eine Halblanghaar mit schlan-

Kämmen ist auch bei diesen Rassekatzen wichtig, vor allem im Fellwechsel! Die Halblanghaar-Rassen sind allerdings weniger pflegeintensiv als Perserkatzen. An Beliebtheit haben sie in den vergangenen Jahren stark zugenommen. Es sind imposante Katzen mit einem Fell, das halblang fließend

Links: Die Türkisch
Angora braucht einen
Gefährten, denn sie ist
nicht gern allein.

Rechts: Türkisch Van –
gelehrig und ganz und
gar nicht wasserscheu

kem Körper. Mir ihr verwandt ist die Türkisch Van, die es nur in einer bestimmten Fellzeichnung in Weiß mit roten Abzeichen gibt. Die Van-Katze ist sehr gelehrig und hat im Gegensatz zu anderen Katzen einen Hang zum Wasser.

Birma

Die Birmakatze ist eine halblanghaarige Pointkatze mit einem mittelschweren langen Körper und verhältnismäßig kurzen, aber kräftigen Beinen mit runden Pfoten. Die Fellzeichnung entspricht der der Siamesen, die Augen sind blau. Das besondere Merkmal dieser Rasse sind ihre vier weißen Pfoten. Birma sind lebhaft, kontaktfreudig und manchmal extrem auf „ihren" Menschen geprägt. Sie schmusen gern und brauchen viel Ansprache.

Ragdoll

Die liebevollen und freundlichen Ragdolls sind ihren Haltern zärtlich zugetan und möchten nicht gern allein sein. Neugierig laufen sie ihnen hinterher, wollen gern spielen und immer am Geschehen teilhaben. Ihr Körperbau

und ihr Fell sind ähnlich wie die der Birmakatzen. Die Ragdoll, eine Züchtung aus den USA, gibt es in drei Fellzeichnungen: Colourpoint – die typische Siamzeichnung; Bicolor, die Tiere mit einem charakteristischen umgekehrten „V" im Gesicht. Und Mitted, Tiere mit Maskenzeichnung und weißen Pfotenspitzen. Alle Ragdolls haben blaue Augen.

Die Ragdoll ist – wie die Maine Coon – fast schon anhänglich wie ein Hund.

Seltene Exoten
Edelkatzen für Liebhaber

Abessinier

Zu den ältesten Katzenrassen gehört die Abessinier. Bis heute verkörpert sie das Schönheitsideal der eleganten, schmalen altägyptischen Katzengöttinnen schlechthin. Ihr Fell ist dicht, kurz und fein. Das Besondere daran ist die Bänderung des einzelnen Haares (Ticking), weshalb sie früher auch „Hasenkatze" genannt wurde. Bei der normal- oder wildfarbenen Abessinier

eine sehr zutrauliche und anschmiegsame Katze, die großen Mut besitzt. Sie ist überhaupt nicht nervös und macht von ihrer zarten Stimme nur selten Gebrauch. Die meisten Abys sind sehr geschickt. Alle sind begeisterte Kletterer, viele von ihnen können Türen öffnen. Es sind sehr lebhafte Katzen mit besonders ausgeprägtem Jagdtrieb – Ihre Wohnung ist mit einer Abessinierkatze garantiert fliegenfrei.

Sibirische Katze, Burmilla, Korat, Egyptisch Mau, Sphynx sind weitere seltene Züchtungen. Katzen im Leopardenlook sind die Bengal- und Savannahkatze

Links: Abessinier – lebhafter Jäger und Katzengöttin zugleich.

Rechts: Die Burma – charmant unwiderstehlich mit ausdrucksstarken gelben Augen.

ist das Haar an der Wurzel hell, in der Mitte braun-orange und an den Spitzen schwarz. Es gibt sie aber auch in Rot, seltener in Blau, Fawn und den dazupassenden silbernen Varianten. Sie hat einen muskulösen, mittelgroßen und schlanken Körper. Die Abessinier ist

Burma

Eine mittelgroße Katze mit eng anliegendem, feinem und sehr kurzem Fell ist die Burma. Sie hat ein überwältigendes Temperament, große Bewegungs- und Spielfreude und ist sehr stark auf den Menschen bezogen.

Kartäuser oder Chartreux

Fast hätte es sie nicht mehr gegeben, die echte Kartäuserkatze. Durch das Einkreuzen von blauen Britisch-Kurzhaar-Katzen wurden beide Rassen vermischt, und nur wenige Exemplare der reinen, französischen Linien entgingen diesem Durcheinander. Ist die Britisch-Kurzhaar-Katze im Erscheinungsbild eine eher rundliche Katze, so ist die Chartreux, wie sie heute genannt wird, eine eher „eckige" Katze, und sie gibt es nur in der blauen Farbe.

Ocicat und Egyptian Mau

Weitere Kurzhaarkatzen sind die Rassen Ocicat und die Egyptian Mau. Beides sind Katzen, die eine starke Tupfenzeichnung aufweisen und sehr temperamentvoll sein können, sich jedoch gut als Familienkatzen eignen. Es gibt sie bisher noch relativ selten in Europa.

Rexkatzen

Rexkatzen tragen gewelltes oder lockiges Fell. Sie entstanden durch verschiedene natürliche Mutationen, also zufällige Veränderungen des Erbguts, die dann gezielt zur Rasse gezüchtet wurden. Man unterscheidet Devon-Rex, Cornish-Rex, German-Rex und Selkirk-Rex. Es gibt sie in einigen Farbvariationen und die Selkirk-Rex sogar in verschiedenen Haarlängen. Das Aussehen dieser Katzen ist gewöhnungsbedürftig, aber wer einmal eine dieser charmanten und extrem anhänglichen Rexkatzen erleben konnte, sieht sie mit ganz anderen Augen.

Russisch Blau

Ein charmantes, leises, jedoch willensstarkes Geschöpf. Zu ausgeglichenen Menschen mit leiser Stimme fühlt sie sich besonders hingezogen, Lärm und Wirbel mag sie gar nicht.
Sie hat einen recht lang gestreckten schlanken Körper und einen kurzen keilförmigen Kopf mit herzförmigem Gesicht und weit auseinanderliegenden mandelförmigen Augen von lebhaftem, klarem Grün. Ihr typisches Merkmal ist das einzigartige doppelt dicke silbergraue Fell.

Somali

Die Somalikatze ist die halblanghaarige Verwandte der Abessinierkatze. Alle Merkmale sind mit dieser Rasse identisch, bis auf das etwas längere Fell. Gerade durch dieses längere Fell drängt sich oft der Vergleich mit einem Luchs oder, in roter Ausführung, mit einem Fuchs auf.

Die Chartreux – eine ursprünglich in Frankreich gezüchtete Rassekatze – gibt es nur in Blau.

Oben: Russisch Blau
Unten: Ocicat

Die Somali ist eine halblanghaarige Verwandte der Abessinier.

Bevor die Katze einzieht, bereiten Sie die Wohnung auf Ihren neuen Mitbewohner vor. Alles, was Sie brauchen, finden Sie im Zoofachhandel. Natürlich können Sie die Sachen auch per Katalog oder über das Internet bestellen. Viel Spaß beim Einrichten!

Der Futterplatz

Der beste Platz für die Mahlzeiten ist eine Ecke in der Küche, wo die Katze in Ruhe fressen kann. Auf einer abwaschbaren Unterlage stellen Sie am besten zwei Futternäpfe auf: einen für Nass-, den anderen für Trockenfutter. Die Futternäpfe sollten standfest sein und leicht zu säubern. Es gibt sie aus Kunststoff, Edelstahl, Steingut, Porzellan und Glas. Am praktischsten sind Näpfe, die nicht zerbrechlich sind und sich leicht in der Spülmaschine reinigen lassen, z. B. aus Cromargan. Für den Durst stellen Sie eine etwas größere Schüssel auf, die ebenfalls leicht sauberzuhalten ist. Selbstverständlich

Alles für die Katz – die wichtigsten Utensilien für die erste Zeit

sollte der Futterplatz immer an derselben Stelle sein und nach Gebrauch das Geschirr gereinigt werden.

Der Schlafplatz

„Nach dem Essen sollst du ruhen." Das gilt ganz besonders für Katzen, die ca. 60 % ihres Lebens verträumen, verschlummern und verdösen. Katzen haben ihre eigene Vorstellung davon, wo sich der Tag am besten verdösen lässt. Bevorzugt werden meist etwas höher gelegene Schlafplätze. Meine Katzen lieben die Fensterbänke, die ich mit Pressspanplatten auf ca. 30 cm verbreitert und mit Teppichboden bezogen habe. Außerdem mögen sie alle Arten von Kartons, die den Vorteil haben, dass man sie bei Verschmutzung leicht entsorgen und preiswert erneuern kann. Ein beliebter Schlaf- und Ruheplatz sind die Hängematten des Kletterbaumes, und die höchste Katzenwonne ist immer noch ein Schläfchen im Bett „ihres" Menschen.

Die Katzentoilette
Das richtige Plätzchen

Der günstigste Platz für die Katzentoilette ist das Badezimmer. Die Katze muss das Örtchen leicht finden können und immer freien Zugang dazu haben. Der Fachhandel bietet verschiedene Modelle an. Am besten ist eine Wanne aus Hartplastik, die so tief ist, dass Ihre Katze beim Graben und Scharren keine Streu nach draußen werfen kann. Es

Drei Näpfe braucht die Katz
Tipp

Stellen Sie einen zweiten Wassernapf mit stets frischem Wasser an einer anderen Stelle Ihrer Wohnung auf, und Sie werden feststellen, dass Ihre Katze aus diesem besonders gern trinkt.

gibt auch überdachte Modelle, die die Geruchsbildung und das Hinausscharren der Streu in Grenzen halten und in denen sich die Katze nicht beobachtet fühlt.

Die Einstreu

Mineralische Katzenstreu wird in den unterschiedlichsten Qualitäten angeboten. Wichtig ist, dass sie die Feuchtigkeit gut aufsaugt und geruchsbindend ist. Der Boden der Katzentoilette sollte mit einer etwa 5 cm hohen Streuschicht bedeckt sein.

Der Kratzbaum

Klettern, kratzen, „ratzen"

Damit Ihre Wohnungseinrichtung geschont wird, sollten Sie Ihre Katze an ein Kratzbrett oder einen Kratzbaum gewöhnen. Es gibt im Fachhandel einfache, preiswerte Kratzbretter. Eine Kombination aus Kratz- und Kletterbaum ist für eine in der Wohnung lebende Katze die ideale Lösung. Bewährt haben sich mit Sisal umwickelte Stämme mit Sitz- und Liegeflächen, Kuschelhöhlen und Hängematten. Verschiedene Hersteller bieten ein Baukastensystem an, mit dem Sie einen richtigen Katzenwohnbaum gestalten können. Von der Einfachausführung bis hin zum Luxusmodell – es ist erstaunlich, was es im Fachhandel alles gibt.

Standfest muss er sein

Egal, wofür Sie sich entscheiden, das Wesentliche ist die Standfestigkeit. Ein Kratzbaum, der bei der ersten Erkundung umfällt, wird wohl kaum ein zweites Mal benützt werden. Mit Deckenspannern oder seitlich mit Winkeln an der Wand befestigt, dürfte der Kratzbaum auch den wildesten Angriffen Ihrer Katze standhalten.

Das richtige „Klo" macht Katzen froh. Futter und Toilette bitte räumlich getrennt aufstellen.

Hier macht Klettern und Kratzen Spaß.

Sicherheit geht vor

Sonnenschein und frische Luft

Ein Platz an der Sonne

Bieten Sie Ihrer Wohnungskatze so viel frische Luft und Sonne wie möglich. Dazu eignet sich ein Sitzplatz auf der Fensterbank am offenen Fenster oder ein Platz auf dem Balkon. Ihre Katze wird diese Möglichkeit bestimmt mit Freuden annehmen.

Frischluft, aber sicher!

Durch vorbeifliegende Vögel oder Schmetterlinge kann der Jagdinstinkt Ihrer Samtpfote geweckt werden, und ein Sprung ins Ungewisse wäre die Folge. Wie dieser Sprung ausgeht, hängt von der Etage ab, in der Sie wohnen. Damit die Freude an dem Aussichtsplatz ungetrübt ist und Sie im Sommer die Katze bei offenem Fenster auch allein in der Wohnung lassen oder beruhigt schlafen gehen können,

muss das Fenster gesichert sein. Mit etwas handwerklichem Geschick kann man einen mit Fliegendraht oder Spezialnetz überzogenen Rahmen am Fenster oder an der Tür anbringen.

Achtung, Kippfenster!

Schon so manches Kippfenster wurde zur tödlichen Falle. Wenn die Katze zum Spalt hochklettert, kann sie mit den Hinterbeinen am glatten Rahmen abrutschen und mit dem Bauch oder dem Hals in den Fensterwinkel fallen. Verhindern Sie diese Gefahr, indem Sie eine seitliche Kippfenster-Schutzvorrichtung (gibt es im Zoofachhandel) anbringen. Alternativ können Sie auch das geöffnete Fenster mit Haken und Ösen in einem so geringen Abstand feststellen, dass keine Katze hindurchkommt.

Links: So sieht ein sicheres Sonnenplätzchen aus.

Rechts: Ein Topf mit Gras macht Katzen Spaß.

Der katzensichere Balkon

Viele Katzen, die in der Wohnung
leben, haben die Möglichkeit, sich auf
einem Balkon oder Dachgarten zu tum-
meln. Aber auch hier sollte die Sicherheit Ihrer Katze an erster Stelle stehen.
Normalerweise spannt man ein Netz
nach allen Seiten, sodass die Katze
nicht ausbrechen kann. Ein Netz eignet
sich besonders gut, da es nachgibt; die
Katze findet so keinen Halt und kann
nicht hochklettern.
Am einfachsten sind Balkone abzu-
sichern, über denen der Balkon des
nächsten Stockwerkes gebaut ist.
Die Verschiedenartigkeit der Balkone

erlaubt keine Patentlösung. Einige
Firmen haben sich auf Fenster- und
Balkonsicherungen für Katzen speziali-
siert; bitte lassen Sie sich im Fachhan-
del beraten. Inzwischen gibt es für alle
Balkon- und Terrassenprobleme eine
Lösung.

Der katzensichere Garten

Ein absoluter Glücksfall für die Katzenhaltung ist ein Garten, der ausbruchssicher gestaltet werden kann.
Bringen Sie dazu ein Netz oder einen
Zaun an. Das Netz sollte ca. 1,80 bis
2 m hoch sein. Es sollte an Metallpfos-
ten im Abstand von ca. 1,50 m befestigt
werden. Da das Netz nachgibt, ist es
für die Katze nahezu unmöglich darü-
berzuklettern, denn sie findet keinen
sicheren Halt. Damit das Netz auch
hält, werden die Pfosten sicher im
Boden verankert. Um zu verhindern,
dass die Katze darunter durchkriecht,
bringt man einen Hasenzaun an, der
in die Erde eingegraben wird. Sichern
Sie unbedingt auch Bäume, deren Äste
über den Zaun hinüberragen und auf
denen Katzen mühelos die andere Seite
erreichen können.

*Eine gemütliche Ecke im
rundum gesicherten
Garten. So lässt es sich
aushalten.*

EXTRA
So wird Ihre Wohnung katzensicher

Gefahren lauern überall

Katzen sind außerordentlich neugierig und versuchen alles sofort spielerisch zu erkunden. So bleibt kein von uns unbemerkt liegen gelassener Knopf, Nagel, keine Reißzwecke oder Ähnliches von der Katze unbeachtet. Es könnte sich ja zum Spielen eignen. Besonders gefährlich sind liegen gelassene Stecknadeln oder eingefädelte Nähnadeln.

Auch offen liegende Elektrokabel sollte man besser unterm Teppichboden oder hinter einer Leiste verbergen. Sehr verlockend sind für eine Katze offene Türen. Dabei handelt es sich nicht nur um die offene Schranktür, sondern,

was viel gefährlicher ist, um offene Türen von Waschmaschine und Wäschetrockner. Für einige Katzen ist der Wasch- oder Trockenvorgang schon zur tödlichen Falle geworden.

In der Küche gibt es ebenfalls viele Türen, z. B. vom Backofen, Geschirrspüler, Kühlschrank usw. Es empfiehlt sich immer, bevor man eine Tür schließt, nachzuschauen, ob man nicht aus Versehen seine Katze einsperrt. Sehr gefährlich sind auch die Herdplatten. Für die Katze ist es eine der einfachsten Übungen, auf die Arbeitsplatte oder den Herd zu springen. Wenn gekocht wird, kann die Katze durch heiße Platten oder einen umfallenden

Sicherheits-Check

→ Giftige Pflanzen – hierzu gehören auch sehr viele bekannte und beliebte Garten- und Zierpflanzen (siehe auch die Liste der giftigen Gartenpflanzen).

→ Offener Backofen, Geschirrspüler, Waschmaschine, Trockner, Kühl- und Gefrierschrank und Kamine

→ Herunterhängende Deckchen und Tischdecken

→ Elektrokabel

→ Plastiktüten, offene Mülleimer

→ Kleinteile wie Nadeln, Perlen, Schrauben, Nägel, Reißnägel usw., die verschluckt werden können

→ Haushaltsreiniger, Desinfektionsmittel, Tabletten und Pillen, Dünger und Pflanzenschutzmittel und sonstige Chemikalien

→ Gekippte, ungesicherte Fenster

→ Lametta, Christbaumkugeln

→ Rutschige Böden, Glastüren, Schwingtüren, zerbrechliche Figuren

→ Heiße Gegenstände: Herdplatten, Zigaretten, Kerzen, Bügeleisen

→ Ungesicherter Balkon

→ Vorsicht vor giftigen Pflanzen!

Giftige Gartenpflanzen

			Giftige Zimmerpflanzen
Ackerveilchen	Hartriegel	Rainfarn	Alpenveilchen
Aprikose (Kerne)	Herbstzeitlose	Rhabarber	Amaryllis
Arnika	Herkuleskraut	Rhizinuspflanzen	Anthurie
Aronstab	Hyazinthe	Rittersporn	Azalee
Buchsbaum	Jasmin	Schlafmohn	Calla
Buschwindröschen	Kaiserkrone	Schneeball	Christusdorn
Christrose	Kornrade	Schwertlilie	Clivie
Edelweiß	Krokus	Seidelbast	Dieffenbachie
Efeu	Küchenschelle	Sumpfdotterblume	Efeutute
Eibe	Lebensbaum (Thuja)	Tabakpflanze	Gummibaum
Eisenhut	Leberblümchen	Tollkirsche	Korallenbeere
Farne	Liguster	Tomatenpflanze	Orchidee
Feldstiefmütterchen	Märzenbecher	Trompetenbaum	Philodendron
Feuerdorn	Maiglöckchen	Tulpe	Stechpalme
Fingerhut	Mauerpfeffer	Wacholder	Usambaraveilchen
Geißblatt	Mistel	Wicke	Weihnachtskaktus
Geranie	Narzisse	Wildlupine	Weihnachtsstern
Ginster	Nelke	Wolfsmilch	Wüstenrose
Glyzinie	Oleander	Wurmfarn	Zierfarn
Goldregen	Pfaffenhütchen	Zwergmistel	Zimmeraralie
Hahnenfuß	Primel		

Topf mit heißem Inhalt ernsthaft verletzt werden. Da bei elektrischen Herden die Kochplatten nach dem Benützen noch längere Zeit Wärme abgeben, sollte man einen Topf mit Wasser daraufstellen, um so der Unfallgefahr vorzubeugen. Mein Kochfeld hat z. B. Sensoren für die Warmhalteplatte; damit meine Katzen sie nicht zufällig einschalten, habe ich eine schöne Keramikfliese darübergelegt und so die Gefahr gebannt.

Vorsicht, Vergiftungen!

Leider sind auch Vergiftungen aller Art sehr häufig. Normalerweise sind Wasch- und Putzmittel sowie alle anderen zum Haushalt gehörenden Sprays, Polituren und vieles mehr sicher im Schrank untergebracht. Dennoch können beim Benutzen der Mittel Gefahren für die Katze auftreten, wenn sie mit den Pfoten oder dem Fell damit in Berührung kommt. Die sehr reinliche Katze nimmt dann beim Putzen und Belecken die Giftstoffe direkt auf.

Giftwirkung haben auch eine ganze Reihe von Pflanzen. Da Katzen naturgemäß ab und an gern Gras fressen, gehen sie nicht selten auch an derartige Pflanzen. Zwar nicht giftig, dafür aber sehr scharfkantig und mit Widerhaken behaftet sind manche Gräser in Blumensträußen oder Pflanzengestecken. Die Katze liebt es, an ihnen zu knabbern, doch durch die Widerhaken können sich diese Gräser im Rachen festsetzen und dadurch nicht mehr weiterbefördert werden, Erbrechen ist auch nicht möglich, und der Gang zum Tierarzt ist unumgänglich. Deshalb vorsichtshalber die Gräser entfernen.

Hurra! Wir haben eine Katze

Lassen Sie Ihre Katze zu Beginn Ihrer Beziehung nicht zu viel allein. Sie können sie so besser kennenlernen, und sie fühlt sich nicht so einsam.

Die beste Zeit, um sich an eine neue Katze zu gewöhnen, ist ein Wochenende oder sind ein paar Tage Urlaub. Entscheiden Sie schon vor dem Einzug der Katze über Futter- und Toilettenplatz.

Katzen sind Gewohnheitstiere und gewöhnen sich später nicht mehr so leicht um. Wenn Sie alles vorbereitet haben, holen Sie Ihre Katze ab.

Die Katze wird abgeholt

Wahrscheinlich holen Sie Ihre Katze mit dem Auto ab. Achten Sie darauf, dass der Tag nicht zu heiß und die Katze in einem sicheren Transportkorb untergebracht ist. Auf keinen Fall dürfen Sie unterwegs den Koffer öffnen, mag die Katze auch noch so viel schreien. Natürlich können Sie beruhigend

---

Mit Geduld und Liebe   Tipp

Beschäftigen Sie sich viel mit Ihrer Katze. Streicheln Sie sie und reden Sie leise mit ihr. Wenn Sie das nicht will, erzwingen Sie nichts, sondern lassen sie einfach in Ruhe. Mit viel Geduld und Liebe können Sie die Eingewöhnungszeit so positiv gestalten.

auf sie einreden, was meist aber nicht zu wirken scheint. Meiner Erfahrung nach hört die Katze meist von selbst auf, wenn sie nicht beachtet wird.

Aus der Box ins neue Heim

Zu Hause angekommen, stellen Sie das Transportbehältnis am besten mitten ins Zimmer, öffnen es und bieten der Katze die Möglichkeit, selbst herauszukommen. Da die meisten Katzen sehr neugierig sind, wird Ihre neue Mitbewohnerin bald herauskommen und ihre neue Umgebung erkunden. Wenn die Katze von der Fahrt noch ängstlich ist, drängen Sie sie nicht, sondern geben ihr Zeit. Nach einer Weile zeigen Sie ihr als Erstes die Katzentoilette. Heben Sie die Katze hoch und setzen Sie sie in die Katzentoilette. Das sollten Sie im Laufe der Zeit noch mehrmals wiederholen.

Lassen Sie die Katze in Ruhe die Wohnung erkunden, und sprechen Sie leise mit ihr. Dass der neue Mitbewohner in diesen ersten Tagen nicht zur Besichtigung freigegeben ist, sollte selbstverständlich sein. In einer größeren Wohnung ist es vorteilhaft, den Aufenthaltsraum zunächst auf ein oder zwei Zimmer zu begrenzen, vor allem dann, wenn das Kätzchen noch jung ist.

So nach und nach geben Sie der Katze dann die Möglichkeit, mit den anderen Räumen der Wohnung bekannt zu werden. Der freie Zugang zur Toilette muss aber immer gewährleistet sein.

Richtig tragen

Oft kann man beobachten, wie kleine Kätzchen von ihrer Mutter im Nackenfell gepackt und so von einem Ort zum anderen gebracht werden. Diese Transportart ist aber einzig und allein der Katzenmutter vorbehalten!

Wir unterstützen beim richtigen Hochheben des Kätzchens die Hinterbeine und fassen sie vorne zwischen den Vorderbeinen, sodass der Schwerpunkt der Katze auf der Hand ruht.
Ein Festhalten im Nackenfell ist nur im äußersten Notfall erlaubt.

→ **Praktisch und sicher – die Transportbox**

Früher oder später brauchen Sie für Ihre Katze ein Behältnis, in dem Sie sie z. B. zum Tierarzt transportieren können. Der Fachhandel bietet hier eine große Auswahl an. Bewährt haben sich Koffer aus leichtem Kunststoff- oder Glasfasermaterial, die gut belüftet, leicht zu reinigen und ausbruchssicher sind. Empfehlenswert sind Katzenkoffer, die man oben öffnen kann, um die Katze hineinzulegen. Vergessen Sie nicht, eine Unterlage hineinzulegen; es kann eine Decke sein oder eine dicke Lage Küchentücher. Sie erweisen sich besonders dann als sinnvoll, wenn es z. B. nach einer Operation (Narkose) auftretende Feuchtigkeit aufzusaugen gilt. Vermeiden Sie Transportbehälter mit scharfen freiliegenden Kanten und auch die zwar attraktiven, aber nicht allzu ausbruchssicheren Weidenkörbe. Sie können überstehende Teile haben, sind schwer zu reinigen und lassen Zugluft durch.

Auf einen Blick

Alles für die Katz

Schlafen

Die meisten Katzen bevorzugen einen etwas höher gelegenen Schlaf- und Liegeplatz, z. B. die Hängematten am Kratzbaum. Außerdem beliebt sind Schlafkissen auf der Fensterbank,

Regalen oder Schränken. Denn von hier oben hat die Katze alles im Blick oder sogar einen Blick nach draußen.

Fressen

Der richtige Ort für die Mahlzeit ist ein Platz, an dem die Katze in Ruhe fressen kann. Am besten geeignet ist eine ruhige Ecke in der Küche. An dieser Stelle sollte die Katze immer gefüttert werden. Katzen neigen dazu, einige Häppchen aus dem Napf zu holen und daneben zu verspeisen, sodass eine abwischbare Unterlage gute Dienste leistet. Der Wassernapf kann ruhig woanders stehen. Denn Katzen trinken nicht gern dort, wo sie fressen.

Einkaufs-Checkliste

→ Transportbox
→ 2 Futternäpfe
→ 1 Trinknapf
→ Katzentoilette
→ Einstreu mit Schaufel
→ Schlaf- und Kratzbaum
→ Kamm
→ Bürste
→ Spielzeug

→ Futter und Leckerchen (das gleiche Futter wie beim Züchter)

Auch das kann nötig sein:
→ Sicherungen für Fenster, Balkon oder Garten
→ Katzenklappe
→ Leine und Geschirr
→ Unterlage für Napf
→ Fleckenspray
→ Fusselrolle

Katzentoilette

Meist genügt eine Wanne aus Hartplastik. Der Handel bietet aber auch Wannen mit Rand, mit Haube, mit Klappe und vieles mehr an. Wichtig ist, dass der Rand hoch genug ist, damit die Katze die Streu nicht hinausscharren kann. Ganz können Sie das mit einem geschlossenen Modell mit Haube verhindern – dem ich auch wegen der Geruchsbildung den Vorzug gebe. Zu Beginn sollte man es aber mit einer Katzentoilette ohne Haube probieren, bis die Katze sicher im Gebrauch der Toilette ist. Danach kann man dann die Haube daraufsetzen und sehen, ob die Katze auch in diese Toilette geht. Vergessen Sie nicht die Einstreu. Die Toilette soll in einer ruhigen Ecke stehen und für die Katze stets zugänglich sein.

Spielen

Richtiges Spielzeug soll katzengerecht klein sein und bewegt werden können. Ideal sind z. B. Fellmäuse oder eine Katzenangel. Seien Sie in der Auswahl des Katzenspielzeugs aber kritisch, sosehr es Ihnen auch gefällt – denken Sie an die Gesundheit Ihrer Katze. Spielzeug darf auch nicht zu klein sein, damit es im Eifer des Spiels nicht verschluckt wird. Sicherheitstipps zum richtigen Spielen finden Sie S. 69.

Kratzen

Katzen haben Krallen, und die müssen regelmäßig abgenutzt werden. Damit Ihre Samtpfote ihre Krallen nicht an der Couchgarnitur ausfährt, müssen Sie ihr eine Gelegenheit zum Kratzen bieten und sie anleiten, diese auch zu benützen. Ideal ist die Kombination aus Kratz- und Kletterbaum mit Sisal umwickelten Stämmen. Denn sie befriedigt gleich zwei Bedürfnisse der Katze. Stellen Sie das Kratzmöbel nicht in den hintersten Winkel, sondern am besten zwischen Futter- und Schlafplatz auf.

Sicher transportieren

Empfehlenswert sind mit verriegelbarer Gittertür versehene Koffer aus Kunststoff oder Glasfaser, in die Sie eine weiche Unterlage legen. Sie sind ausbruchssicher und leicht zu reinigen. Praktisch für den Tierarztbesuch: Koffer, die außerdem ein verriegelbares Dachgitter haben.

Kämmen

Wenn Sie für die Katze Kamm und Bürste kaufen, nehmen Sie auch gleich einen Entfussler für Teppich, Polster und Ihre Kleidung mit. Kurzhaarkatzen müssen nur zum Fellwechsel im Frühjahr und Herbst gut gekämmt werden. Je dichter und länger das Fell, desto mehr müssen Sie der Katze helfen, es zu pflegen.

2

Ernähren und pflegen

Leckeres für Katzen

Sie fangen täglich ein paar Mäuse, reichen etwas Wasser dazu, und schon hat sich das Ernährungsproblem für Ihre Samtpfote gelöst. Wenn Sie keine Mäusezucht haben, stehen Sie allerdings vor der Frage: Was füttere ich dann?

Futterempfehlung

Die ideale Katzennahrung sollte in ihrer Zusammensetzung der natürlichen Nahrung der Katze entsprechen, wobei wir wieder bei der Maus sind. Diese enthält als Beutetier Muskelfleisch, Knochen, innere Organe und den Darm mit dem halb verdauten Speisebrei. Die Katze ist also kein reiner Fleischfresser. Daher folgende Fütterungsempfehlung: Die tägliche Ration sollte etwa $3/4$ Eiweiß (Fleisch, Innereien, Fisch, Milchprodukte), $1/4$ leicht verdauliche Kohlenhydrate sowie Mineral- und Ballaststoffe enthalten.

Fertignahrung

Das reichhaltige Angebot an Fertigfutter macht es dem Katzenfreund leicht, seine Katze gesund zu ernähren. Feuchtnahrung und Trockennahrung sind die zwei Grundtypen, die uns als Fertignahrung für Katzen angeboten werden. Beides wird als Vollnahrung hergestellt, sodass wir uns über Eiweiß, Mineralstoffe, Vitamine, Fette, Kohlenhydrate und Ballaststoffe nicht mehr den Kopf zerbrechen müssen.

Feuchtfutter

Feuchtnahrung gibt es in Dosen, Beuteln und Schalen in den verschiedensten Geschmacksrichtungen und Rezepturen. Sie enthält ungefähr 80 % natürliche Feuchtigkeit, sodass der größte Teil des Flüssigkeitsbedarfs einer Katze gedeckt ist und sie mit Feuchtnahrung als Alleinfutter ernährt werden kann.

Da Dosenfutter sehr lange haltbar ist (bitte Haltbarkeitsdatum beachten!), kann man es auf Vorrat kaufen – und zwar möglichst verschiedene Sorten, sodass die Katze sich nicht auf eine Futtersorte spezialisiert. Damit geht man Problemen aus dem Weg, wenn einmal die auserwählte Futtersorte nicht mehr im Handel ist oder die Rezeptur verändert wurde.

Katzen, die Trockennahrung bekommen, brauchen viel Wasser zum Trinken.

Tipp
Lauwarm füttern!
Achten Sie darauf, dass alle Nahrung lauwarm ist, also ca. 38 °C hat, und niemals direkt aus dem Kühlschrank kommt. Im Winter kann man die Dosen ca. eine Stunde vor dem Füttern auf den Heizkörper legen.

→ Wie viel Futter braucht meine Katze?

Alter des Kätzchens	Körpergewicht in kg	Mahlzeiten pro Tag	Täglicher Bedarf an Dosenvollnahrung	Täglicher Bedarf an Trockenfutter
2–4 Monate	0,8–1,6	4–5	190–300 g	30–75 g
4–5 Monate	1,6–2,0	3–4	280–300 g	75–95 g
5–6 Monate	2,0–2,5	2–3	230–280 g	85 g
6–8 Monate	2,5–3,5	2	230–330 g	85 g
ab 8 Monate	4,0–4,5	2	300–330 g	80–85 g

Trockenfutter

Trockennahrung gleicht im Prinzip in ihrer Rezeptur der Feuchtnahrung, mit dem Unterschied, dass ihr das Wasser bis auf 10 % entzogen wurde. Sie ist deshalb im Verhältnis zum Gewicht wesentlich konzentrierter, und die Katze muss reichlich Wasser zum Trinken bekommen.

Der Vorteil von Trockenfutter liegt in der langen Haltbarkeit sowie darin, dass die Katze beim Zerbeißen der Stückchen ihre Zähne und Kiefermuskeln einsetzen muss, was der Zahnsteinbildung vorbeugt. Bewahren Sie das Trockenfutter in einer verschließbaren Dose auf, so bleiben die Duftstoffe länger erhalten.

Leckermäulchen

Viele Katzen haben, gerade wenn es um ihre Nahrung geht, einen ausgesprochenen Dickschädel. Man kauft ihnen das tollste Katzenmenü, und sie beachten es nicht. Im Gegenteil, sie scharren es mit den Pfoten zu. Ein Ausdruck höchster Missachtung! Es kostet schon etwas Mühe, herauszubekommen, was unsere Katze gern frisst. Zu Beginn des Zusammenlebens mit einer Katze muss man manchmal viel ausprobieren und Geduld haben. Aber passen Sie auf: Verwöhnt ist eine Katze schnell. Leichter ist es wieder mit zwei Katzen: Da ein gewisser Futterneid vorhanden ist, kommt es kaum zu Problemen.

Katzen nehmen sich Zeit für ihre Mahlzeit. Sie schlingen keine ganzen Stücke hinunter, sondern kauen langsam und genüsslich.

Ergänzung für den Speiseplan

Da in der Vollnahrung, ob trocken oder feucht, alles enthalten ist, was eine Katze braucht, wäre es nicht nötig, noch etwas zusätzlich zu füttern. Unsere Schleckermäulchen mögen aber ab und zu eine kleine Aufmerksamkeit, sei es als Belohnung, wenn sie das Kratzbrett das erste Mal benutzen, oder als Entschuldigung, wenn wir sie etwas länger allein gelassen haben.

Milchprodukte

Milch trinken alle Katzen gern, deshalb glauben wohl auch die meisten Menschen, dass Milch das geeignete Getränk für Katzen sei. Leider vertragen aber viele Katzen Milch überhaupt nicht, denn der enthaltene Milchzucker kann zu Durchfall führen. Probieren Sie es bei Ihrer Katze vorsichtig aus; sollte sie Milch vertragen, so ist sie ein wertvoller Eiweiß- und Kalziumspender, aber kein Getränk.

Vergorene Milchprodukte wie Joghurt, Dickmilch, Hüttenkäse oder Quark werden dagegen von fast allen Katzen sehr gut vertragen und sind deshalb unbedingt zu empfehlen.

Eigelb

Eier müssen eigentlich nicht auf dem Speisezettel stehen. Wenn Sie Ihrer Katze trotzdem – höchstens einmal die Woche – ein frisches Eigelb geben möchten, so ist dagegen nichts einzuwenden. Rohes Eiweiß darf aber nicht dazugehören, da es Vitamine zerstört.

> **→ Vorsicht!**
> In rohem Fleisch stecken gefährliche Infektionserreger. Durch rohes Rind, Schwein oder Geflügel können sich Katzen mit Salmonellen infizieren. Besonders bedrohlich ist rohes Schweinefleisch, da es das für Katzen tödliche Virus der Aujeszky'schen Krankheit übertragen kann.

Katzentabletten

Als kleine „Bonbons" für unsere Lieblinge bietet der Fachhandel „Katzentabs" in verschiedenen Geschmacksrichtungen und Zusätzen (z. B. Taurin, Käse usw.) an.

Hefeflocken

Hefeflocken mögen meine Katzen besonders gern, wenn ich sie ihnen über das Futter streue.

Kleine Sünden

Kleine Sünden sind ab und zu erlaubt, solange sie klein bleiben. Alles, was schmeckt, ist in Maßen erlaubt. Meine Katzen schlecken ab und zu ein kleines Stück Butter, bekommen auch mal beim Abendbrot ein Stück Wurst oder am Sonntag etwas Braten. Diese kleinen „Sünden" schaden nicht, sondern heben wie beim Menschen die Lebensfreude. Natürlich dürfen sie nicht überhandnehmen, sonst sind auf Dauer Schäden zu erwarten.

Wasser – bitte nicht kalt!

Alle frei laufenden Katzen trinken gern Wasser aus Pfützen, und auch meine Katzen trinken mit Vorliebe aus Töpfen, in denen sich auf dem Balkon Wasser angesammelt hat. Das steht natürlich im Gegensatz zu allen Ratschlägen, dass man Katzen frisches Wasser zum Trinken geben soll.

Bei mir bekommen sie es auch immer täglich frisch, d. h. warm aus dem Wasserhahn oder abgestanden aus dem Wasserkessel vom Herd. Im Laufe der Zeit habe ich festgestellt, dass die Katzen kaltes Wasser zunächst einmal stehen lassen und sich erst sehr viel später zum Wassernapf begeben, wahrscheinlich, wenn es temperiert ist.

Katzen mögen Gras

Ob Katzen Gras brauchen, ist nicht unbedingt erwiesen, dass sie aber Gras gern fressen, dagegen schon. Gräser sind reich an Feuchtigkeit, enthalten Vitamine und Spurenelemente und sind eine wichtige Verdauungshilfe. Bei der Fellpflege nimmt die Katze zwangsweise immer wieder Haare auf und verschluckt sie. Dadurch kann es zu bösen Verdauungsstörungen oder Schlimmerem kommen. Die Gräser reizen nach der Aufnahme die Magenschleimhaut,

Manchmal „pfoteln" Katzen in den Wassernapf und lecken die Tropfen dann von der nassen Pfote.

lösen damit Erbrechen aus, und heraus kommt weißlicher Schleim mit einigen Grasstücken.

Als Verdauungshilfe gibt es im Fachhandel auch eine Paste; ob sie so effektiv wie Gras wirkt, ist umstritten. Damit Ihre Katze in der Wohnung auf Gras nicht verzichten muss, sollten Sie ihr in irgendeiner Form ermöglichen, daran zu knabbern, auch um Ihre anderen Pflanzen zu schützen. Katzengras gibt es als Fertigpackung im Fachhandel zu kaufen. Sie können aber auch in einer Schale Haferkörner aussäen, was denselben Zweck erfüllt. Meine Katzen mögen am liebsten Zyperngras, allerdings sieht man diesem nach ein paar Wochen an, dass die Katzen es zum Fressen gern haben!

Das schmeckt! Manche Katzen lieben es, das Wasser aus einem solchen Trinkbrunnen zu lecken. Im Zoofachhandel gibt es die unterschiedlichsten Modelle und Katzentränken.

Wohlfühlpflege für Katzen

Während des Putzens verschlucken Katzen eine ganze Menge Haare, und es kann so zu einer Haarballenbildung im Magen kommen. Regelmäßiges Kämmen wirkt hier vorbeugend.

Katzen sind die reinlichsten unter unseren Hausgenossen und widmen einen großen Teil ihrer Zeit der Pflege.

Die Katzenwäsche

Wer den Begriff „Katzenwäsche" in den Sprachgebrauch eingeführt hat, war wohl kein großer Katzenkenner! Schon ab der dritten Lebenswoche beginnen junge Kätzchen, sich selbst zu putzen und mit ihrer rauen Zunge das Fell zu lecken. Dabei ist diese Katzenwäsche gleichzeitig Gymnastik und Massage für den Körper.

Die Zunge ist der „Waschlappen" der Katze, mit der sie überall dort leckt, wo sie hinkommt. Da sie die Zunge ständig feucht hält, wird das Fell dadurch sauber und glänzt seidig. Für die Stellen, die sie mit der Zunge nicht erreichen kann, benützt sie die Vorderpfoten, die Massagehandschuh, Bürste und Kamm in einem sind.

Der Besitzer spielt eine wichtige Rolle in der Unterstützung der Pflege, da die Katze keineswegs alle Partien ihres Fells erreichen kann und mit größeren Verschmutzungen oder Verknotungen nicht allein fertig wird.

Die Fellpflege der Kurzhaarkatze

Die Fellpflege ist unterschiedlich aufwendig und von der Rasse abhängig. In Zeiten des Haarwechsels begrüßt es die Katze, wenn man mit einem feuchten Tuch oder den angefeuchteten Handflächen tote Haare entfernt.

Und manche Katzen lieben es – und schnurren geradezu wollüstig –, wenn sie gekämmt werden. Durch tägliches Kämmen bleiben nicht mehr so viel lose Haare übrig, die von der Katze beim Putzen verschluckt werden können, und auch in der Wohnung bleiben weniger Haare liegen.

Gerade für Wohnungskatzen empfiehlt sich daher eine regelmäßige Fellpflege, da in der Wohnung über das ganze Jahr hinweg fast gleichbleibende

Temperaturen herrschen und die Katze dadurch das ganze Jahr über Haare verliert.

Mit Bürste, Kamm und Fensterleder

Einmal in der Woche können Sie, wenn Ihre Katze es mag, eine besondere „Schönheitsstunde" einlegen und sie auf „Hochglanz" bringen. Beginnen Sie mit einer speziellen Gummibürste zum Lösen der abgestorbenen Haare, dann folgt das Durchkämmen mit einem feinen Kamm (Flohkamm), und mit einer weichen Bürste werden die noch lockeren Haare entfernt. Abschließend reibt man sie mit einem Fensterleder ab.

Die Fellpflege der Langhaarkatze

Bei der Pflege ihres langen Fells braucht die Langhaarkatze unbedingt die Unterstützung ihres Besitzers. Gewöhnen Sie Ihre Samtpfote deshalb so früh wie möglich an das tägliche Kämmen. Halblanghaarrassen sind weniger pflegeintensiv als die Perserkatzen und verzeihen ein nur gelegentliches Kämmen. Bedingt durch die stärkere Unterwolle kann es bei Perserkatzen jedoch leicht zu Verfilzungen und Verknotungen des Fells kommen. Es muss deshalb täglich gepflegt werden.

Richtig Kämmen

Kämmen Sie das Fell sorgfältig vom Hals bis zur Schwanzspitze durch. Achten Sie aber darauf, dass Sie bis zum Haaransatz durchkämmen, sonst haben Sie äußerlich eine gekämmte Katze und auf der Haut eine Filzmatte, die man nur noch abschneiden kann. Meistens muss dann der Tierarzt helfen, der das Fell unter Narkose abschert.

Beim Kämmen vergessen Sie bitte nicht die Stellen hinter den Ohren, zwischen den Beinen, unter der Brust und dem Schwanz.
Um das Fell fettfrei und duftig zu machen, kann man etwas Talkum oder Babypuder ins Haar streuen, dies erleichtert auch das anschließende vorsichtige Bürsten mit einer Drahtbürste. Für das Gesicht benützen Sie einen feinen Stahlkamm (Flohkamm) oder, da die meisten Bürsten zu grob sind, eine Zahnbürste.

Schwanzpflege

Unkastrierte Kater, manchmal auch andere Katzen, haben ein spezielles Pflegeproblem – den Fettschwanz. Durch überaktive Talgdrüsen an der Schwanzwurzel entsteht eine Fettschicht, die besonders behandelt werden muss. Es gibt verschiedene Methoden, dieses Problem in den Griff zu bekommen. Manche schwören auf das Einreiben mit Kartoffel- oder Maismehl oder mit einem Spezialpuder. Möglich ist auch das Baden des Schwanzes mit einem milden Shampoo.

Halblanghaarkatzen wie die Norwegische Waldkatze sind nicht so pflegeintensiv wie die Perserkatze. Norwegische Waldkatzen haben kein verfilzendes Fell.

Körperpflege
Punkt für Punkt

Krallenpflege – selbst ist die Katz

Katzen mit einem normalen Krallenwachstum, die fähig sind, ihre Krallen zurückzuziehen, betreiben in den meisten Fällen die erforderliche Krallenpflege selbst. Frei laufende Katzen wetzen ihre Krallen ganz natürlich am Baumstamm. Deshalb müssen wir unserer Wohnungskatze eine Möglichkeit anbieten, ihre Krallen zu pflegen. An einem Kratzbrett oder Kletterbaum mit griffigem Stamm kann sie die Krallenspitzen einhaken und sich auf diese

Weise der abgenutzten äußeren Hornschicht entledigen. Nur wenn es unbedingt sein muss, z. B. wenn die Katze auf dem Teppich oder Teppichboden beim Laufen hängen bleibt, sollte der Mensch eingreifen und die Krallen kürzen (siehe Kasten).

Klare Augen

Keinesfalls ungewöhnlich ist es, wenn Sie in den inneren Augenwinkeln Ihrer Katze etwas Schmutz entdecken, den vielleicht auch Sie morgens nach dem Aufstehen haben. Mit einem Papiertaschentuch ist er leicht zu entfernen. Wenn die Verschmutzung etwas stärker ist, z. B. bei einer Perserkatze, kann man sie mit einem in warmes Wasser getränkten Wattebausch, einem Papiertaschentuch oder einem speziellen Pflegetuch vorsichtig abwaschen. Die Nickhaut, die sich von der Nasenseite her zum äußeren Rand des Auges bewegt, ist das dritte Augenlid der Katze. Sollte irgendein Fremdkörper im Auge sein, kommt sie, meist einseitig, zum Vorschein. Ein beidseitiger Nickhautvorfall kann ein frühes Warnzeichen für eine Krankheit der Katze sein.

Saubere Ohren

Einmal wöchentlich sollten auch die Ohren auf Verschmutzungen hin untersucht werden. Befindet sich im äußeren sichtbaren Bereich der Ohrmuschel Schmutz, so darf dieser mit einem angefeuchteten Wattebausch

→ Krallen kürzen

Bevor Sie das erste Mal die Krallen kürzen, lassen Sie es sich am besten von Ihrem Tierarzt zeigen. Es braucht sehr viel Vorsicht und Übung, damit der Katze kein Schaden zugefügt wird.

Damit die Kralle zum Vorschein kommt, drücken Sie auf die Pfotenballe jeder einzelnen Kralle, dann sehen Sie, dass die Kralle zwei verschiedene Färbungen aufweist.

Mit einem Nagelschneider oder einer Spezialzange können Sie nun die weißliche Spitze der Kralle abknipsen. Auf keinen Fall darf in den rosafarbenen Teil geschnitten werden, der Blutgefäße und Nerven enthält; das würde dem Tier Schmerzen zufügen. Schneiden Sie, wenn es denn sein muss, lieber zu wenig als zu viel ab, und wiederholen Sie die Prozedur bei Bedarf.

Achtung! Eine Krallenamputation ist Tierquälerei und in Deutschland verboten.

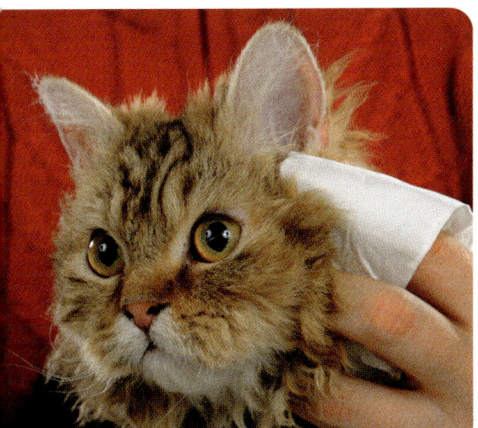

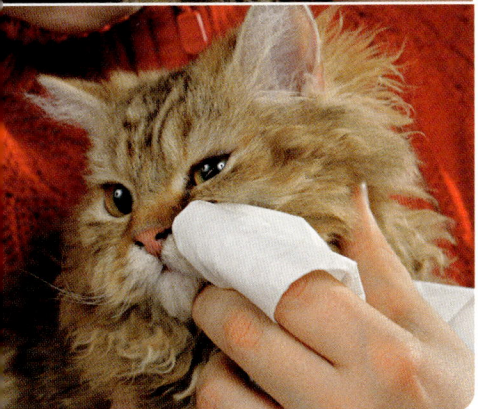

Bei den jährlichen Impfterminen sollte der Tierarzt auch eine Zahnkontrolle durchführen.

Baden – nein danke!

Da Katzen zu den saubersten Tieren gehören, ist Baden eigentlich überflüssig. Katzen sind absolut wasserscheu! Sie können zwar schwimmen, aber nur wenn es unbedingt sein muss. Sollte ein Bad aus medizinischen Gründen erforderlich sein, dann achten Sie darauf, dass die Temperatur des Badewassers ca. 30 °C beträgt, legen Sie eine Gummimatte in die Wanne und füllen Sie das Wasser nur etwa 10 Zentimeter hoch ein. Eine Hilfsperson hält die Katze während des Badens fest und beruhigt sie, während sie eingeschäumt wird. Kämmen Sie das Haar vorher gründlich durch, und befreien Sie es von Knoten und Verfilzungen. Nach dem Bad achten Sie darauf, dass der Raum nicht zu kühl ist, und trocknen die Katze mit einem Handtuch möglichst gut ab. Danach föhnen Sie Ihre Samtpfote so lange, bis das Haar auch am Ansatz trocken ist, und lockern das Haar dabei mit den Fingern auf.

Wenn der Po juckt

Das Hinterteil säubert sich eine Katze selbst. Juckt es, rutscht sie auf dem Po oder kratzt sich dort. Eventuell kann dann die Analdrüse verstopft sein oder Wurmbefall vorliegen. Lassen Sie Ihre Katze unbedingt vom Tierarzt untersuchen. Verschmutzungen lassen Sie erst antrocknen, danach können Sie mit Puder und Kamm leichter entfernt werden. Stärkere Verschmutzungen waschen Sie vorsichtig mit einem milden Shampoo und warmem Wasser aus.

Verschmutzungen im äußeren Gehörgang entfernen Sie vorsichtig mit einem angefeuchteten Papiertaschentuch oder Wattebausch.

Schmutz am inneren Augenwinkel kann auf dieselbe Weise vorsichtig weggewischt werden.

ganz vorsichtig entfernt werden. Achten Sie unbedingt darauf, dass Sie niemals zu tief in die Ohrgänge dringen, das kann für das Tier sehr schmerzhaft sein und zu Verletzungen führen.

Gepflegtes Gebiss

Mundgeruch ist leider ein Übel, das auch ganz gesunde Katzen haben können. Trotzdem kann er auf eine Zahnfleischentzündung oder Zahnsteinbefall hinweisen. Katzen jeden Alters können Zahnstein entwickeln. Um dies zu verhindern, sollten Sie Ihrer Katze immer etwas Trockenfutter oder etwas anderes zum Kauen anbieten.

EXTRA
Urlaubszeit mit Katze

Jedes Jahr stellt sich für viele Katzenbesitzer die gleiche Frage: Die Katze zu Hause lassen, sie mitnehmen, in eine Tierpension geben oder vielleicht doch auf den Urlaub verzichten?

Urlaubspflege daheim

Mit einer Urlaubsreise kann man einer Katze keine Freude machen. Am liebsten verbringt sie die Ferien zu Hause, und so ist es die beste Lösung, wenn sie in der Wohnung bleiben darf und zweimal täglich beschmust und versorgt wird.

Allerdings würde ich eine Einzelkatze nicht über längere Zeit allein lassen, denn sie fühlt sich bestimmt vernach-

lässigt und kann bei Ihrer Rückkehr sehr beleidigt reagieren. Auch bei der Urlaubsfrage zeigt sich also, wie schön es ist, zwei Katzen zu haben. Sie können sich die lange Wartezeit gemeinsam vertreiben.

Freunde oder Nachbarn

Allerdings muss man eine vertrauenswürdige Person finden, die zur Betreuung bereit und auch geeignet ist. Am besten und einfachsten wäre es, wenn Nachbarn oder Bekannte die Katze versorgen könnten. Die Katze kennt die entsprechende Person, und Sie haben Vertrauen, ihr den Wohnungsschlüssel zu überlassen.

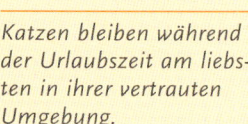

Katzen bleiben während der Urlaubszeit am liebsten in ihrer vertrauten Umgebung.

Cat-Sitter-Clubs

Wer keinen Nachbarn hat, der öfter am Tag kommt, oder niemanden kennt, der in der Wohnung wohnen möchte, hat die Möglichkeit, Kontakt zu sogenannten „Cat-Sitter-Clubs" aufzunehmen, bei denen Katzenbesitzer Tiere auf Gegenseitigkeit betreuen.

Für welche Möglichkeit Sie sich auch entscheiden, Sie sollten die besonderen Eigenheiten Ihrer Katze schriftlich festhalten: ihre Vorlieben und Abneigungen und einen speziellen Futter- und Pflegeplan. Sorgen Sie dafür, dass genügend Futter, Leckerbissen und Streu im Haus sind. Dass das Tier sich in einem einwandfreien Gesundheitszustand befindet, dürfte selbstverständlich sein. Hinterlassen Sie aber in jedem Fall trotzdem Ihre Urlaubsanschrift und die Adresse Ihres Tierarztes.

Mit in den Urlaub

Man kann die Mieze natürlich auch mit auf die Reise nehmen – ob es ihr gefällt, sei dahingestellt. Vielleicht probieren Sie es zuerst einmal mit einem verlängerten Wochenende und entscheiden dann über eine gemeinsame Urlaubsfahrt.

Bei Anmeldung Ihrer Reise muss unbedingt sichergestellt sein, dass Ihr Hotel auch Katzen aufnimmt. Bei einer Reise ins Ausland informieren Sie sich über die verschiedenen Einreisebestimmungen. Auskunft erteilen der ADAC und die zuständigen Konsulate.

Tierpensionen

Die letzte, wirklich die allerletzte Alternative wäre die Unterbringung in einer Tierpension oder in einem Katzenhotel. Für ein solch empfindliches Tier wie eine Katze bedeutet das erheblichen

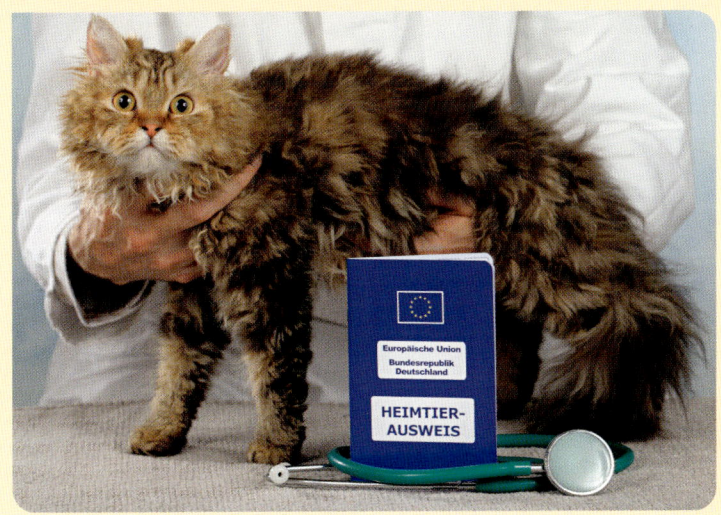

Vorbereitungen für den Katzensitter

→ Legen Sie einen genügend großen Futtervorrat für die Zeit Ihres Urlaubs an.

→ Zeigen Sie dem Katzensitter, wo Futter- und Trinknäpfe ihren Platz haben.

→ Stellen Sie genügend Streu für die Katzentoilette zur Verfügung.

→ Legen Sie alle wichtigen Pflegeutensilien bereit.

→ Lassen Sie den Katzensitter wissen, welches das Lieblingsspielzeug Ihrer Katze ist.

→ Machen Sie den Katzensitter auch mit den Macken und Vorlieben Ihrer Katze vertraut, damit er keine unangenehme Überraschung erlebt.

→ Hinterlassen Sie Ihre Urlaubsanschrift, den Impfpass und Adresse sowie Telefonnummer des Tierarztes.

Stress. Sicher gibt es hervorragend geführte Tierpensionen – aber wie findet man die? Sicher möchten Sie, dass Ihr Tier gut untergebracht ist, und daher sollten Sie, bevor Sie die Katze anmelden, das Katzenhotel genau unter die Lupe nehmen. Gute Pensionen sind meist schon frühzeitig ausgebucht, deshalb ist es wichtig, sich rechtzeitig umzusehen, zu vergleichen und sich anzumelden.

Ohne geht's nicht
Rund um den Tierarzt

Vorbeugen ist besser als Heilen. Um Krankheiten zu verhindern, ist richtige Ernährung, tägliche Bewegung und eine regelmäßige Pflege nötig. Trotz dieser Vorsorgemaßnahmen kommt kein Katzenbesitzer ohne die Hilfe des Tierarztes aus – und sei es nur für die wichtigen Schutzimpfungen.

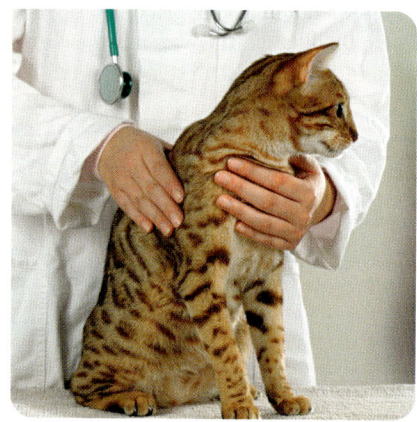

Der richtige Tierarzt

Für die Tierarztwahl gibt es keine allgemeinen verbindlichen Regeln. Natürlich soll es ein Tierarzt sein, der sich auf Katzen versteht, den man auch bei Haltungsproblemen um Rat bitten kann und der kompetent im Krankheitsfall ist.
Der Tierarzt sollte ein fester Bestandteil in der Gemeinschaft von Katze und Besitzer sein, d.h. die Katze soll möglichst immer vom selben Tierarzt untersucht werden.

> Vor den gefährlichsten Infektionskrankheiten können Sie Ihre Katze durch Impfungen zuverlässig schützen.

Der Tierarztbesuch

Stellen Sie Ihre Katze dem Tierarzt Ihrer Wahl zum ersten Mal im gesunden Zustand vor. Dann kann er Sie und Ihr Tier kennenlernen und bekommt einen Eindruck vom Aussehen und Verhalten Ihrer Katze. Es hat auch Vorteile für das Tier, denn so kann es den fremden Menschen ohne schmerzhafte Erfahrungen kennenlernen.

Impfpass nicht vergessen

Nehmen Sie auf jeden Fall zum ersten Besuch den Impfpass zur Überprüfung

Fragen, die der Tierarzt stellt

→ Wie alt ist Ihre Katze?
→ Weshalb sind Sie gekommen? Zur Routineuntersuchung, zur Impfung oder wegen einer Erkrankung?
→ Welche Impfungen hat die Katze bereits bekommen? (Impfpass mitnehmen!)
→ Welche Symptome haben Sie bei der Katze beobachtet? (Vorher notierten, siehe auch Seite 48.)
→ Sind Ihnen sonst noch Veränderungen im Verhalten aufgefallen?
→ Wann sind die Symptome zum ersten Mal aufgetreten?

mit. Falls die Katze noch nicht geimpft ist bzw. Sie es nicht genau wissen, würde sich jetzt die Gelegenheit dazu bieten.

Für den Transport

Für die Fahrt und die Zeit im Wartezimmer benötigen Sie einen ausbruchssicheren Transportkoffer. Die Katze bleibt auch im Wartezimmer in diesem Behältnis. Die fremden Menschen, Tiere, Geräusche und Gerüche könnten die Katze erschrecken und eine unvorhergesehene Reaktion auslösen.

Wann zum Tierarzt?

Eine Katze hat sprichwörtlich sieben Leben – das bewahrt sie jedoch nicht vor Krankheiten. Zwar werden äußere Verletzungen wie Kratz- und Bisswunden, sogar Knochenbrüche schnell heilen. Gegenüber inneren Erkrankungen, Infektionen oder Parasiten besitzt eine Katze aber nur wenig Widerstandskraft. Da Sie mit Ihrer Katze täglich zusammen sind, kennen Sie ihre Persönlichkeit, ihr Wesen, die Fressgewohnheiten

Gesundheits-Check

Beobachten Sie Ihre Katze einmal am Tag genau.
So sieht eine gesunde Katze aus:

→ Die Augen sind klar und glänzend.
→ Die Ohren sind aufgerichtet und innen sauber.
→ Das Fell ist seidig und glänzt.
→ Die Nase ist leicht feucht.
→ Sie hat weiße Zähne, das Zahnfleisch ist rosa.
→ Die Katze frisst mit Appetit und trinkt genügend Wasser.
→ Sie erbricht nur, nachdem sie Gras gefressen hat.
→ Sie hält ihr Gewicht.
→ Sie putzt sich regelmäßig.
→ Sie ist aufmerksam und spielt gern.
→ Der Kot ist geformt, aber nicht zu fest.
→ Der Urin ist klar und gelb.
→ Sie hat eine Körpertemperatur von 38 bis 38,8 °C.
→ Die normale Atemfrequenz beträgt ca. 20 bis 40 Atemzüge pro Minute.

und ihr Toilettenverhalten. Sollten Ihnen hier Veränderungen auffallen, ist dies ein Hinweis darauf, dass mit der Katze etwas nicht in Ordnung ist. Bei jeder ernsthaften Veränderung oder Beobachtung zögern Sie den Arztbesuch bitte nicht hinaus. Denn jede fortgeschrittene Erkrankung erschwert eine tierärztliche Diagnose und Behandlung.

Die Körpertemperatur wird im Po gemessen und beträgt im Normalfall ca. 38 °C.

Damit sie gesund bleibt
Impfen und Entwurmen

Viruserkrankungen sind die eigentlichen „Problemkrankheiten" der Katze. Glücklicherweise gibt es gegen die meisten dieser Erkrankungen heute Schutzimpfungen, die für eine Gesundheitsvorsorge dringend notwendig sind.

Katzenseuche
Die Katzenseuche (Panleukopenie) war lange Zeit eine der gefürchtetsten Viruserkrankungen. Seit erstklassige Impfstoffe zur Verfügung stehen, hat die Seuche ihren Schrecken verloren.

Katzenschnupfen
Der Katzenschnupfen ist eine immer noch problematische Krankheit, für die vor allem junge Katzen anfällig sind. Seit einigen Jahren gibt es auch dagegen ausgezeichnete Impfstoffe. Der Katzenschnupfen ist relativ leicht an den tränenden, oft verklebten Augen, vermehrtem Speichelfluss, wässrigem Nasenausfluss, Appetitlosigkeit und Fieber zu erkennen.

Tollwut
Die Tollwut ist die einzige Erkrankung der Katze, an der sich Menschen anstecken können, die aber nur frei laufende Tiere gefährdet.

Leukose
Die Leukose ist eine immer stärker um sich greifende Viruserkrankung, die fast immer tödlich ausgeht. Über eine

spezielle Blutuntersuchung, den Leukosetest, kann das Virus im Blut nachgewiesen werden. Die Impfung bietet heute einen einwandfreien Schutz

> ### Testen und *Tipp*
> ### impfen lassen
> Auch wenn Ihre Katze nur in der Wohnung gehalten wird, ist es dringend anzuraten, sie auf jeden Fall gegen Katzenseuche und Katzenschnupfen impfen und gegen die anderen Viruserkrankungen testen zu lassen.

Kontrollieren Sie regelmäßig die Ohren, Augen, Zähne und das Zahnfleisch Ihrer Katze.

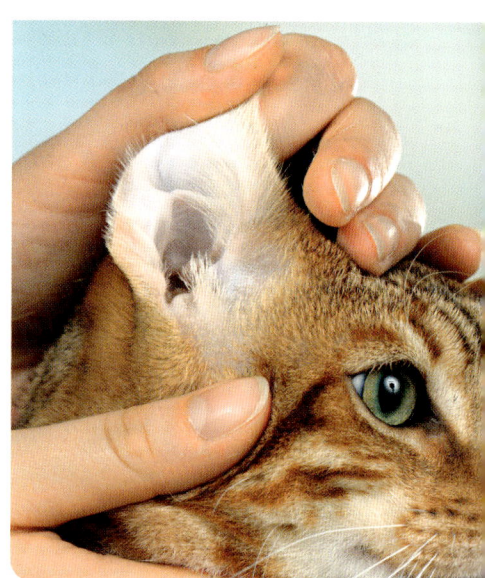

→ Impfplan

Impfungen	Erstimpfung	Zweitimpfung	Wiederholung
Katzenseuche*	8. Woche	12. Woche	alle 2 Jahre
Katzenschnupfen*	8. Woche	12. Woche	jährlich
evtl. Leukose	14. Woche	16. Woche	jährlich
evtl. FIP	16. Woche	19. Woche	jährlich
Tollwut	1 x 12. Woche		nach Impfstoff

* kombinierter Impfstoff

gegen diese Krankheit. Wenn man sich ein Kätzchen beim Züchter kauft, ist darauf zu achten, dass der Bestand des Züchters gegen Leukose geimpft oder mindestens getestet ist.

FIP

Die Feline Infektiöse Peritonitis (FIP) oder ansteckende Bauchfellentzündung wurde erst in den Sechzigerjahren entdeckt. Inzwischen gibt es einen Impfstoff gegen diese Erkrankung.

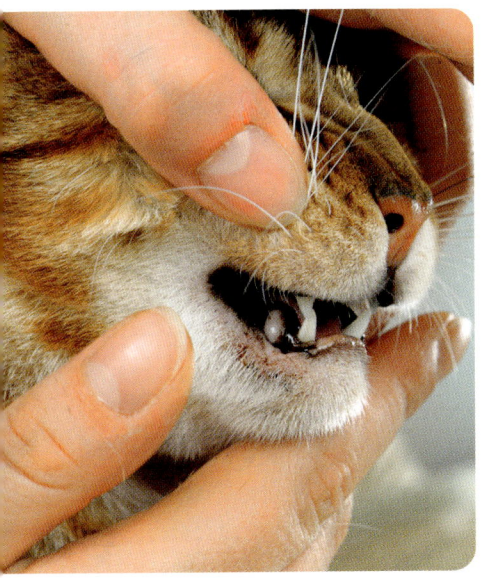

FIV

Die Feline Immunschwäche (FIV) wird auch „Katzenaids" genannt, weil sie das Immunsystem der Katze zerstört. Es wurde erst 1986 entdeckt und ist für den Menschen ungefährlich. Das Virus lässt sich im Blut der infizierten Katze nachweisen, es gibt aber noch keinen Impfstoff dagegen.

Impfplan für erwachsene Katzen

Für die Erstimpfung erwachsener Katzen gelten sinngemäß dieselben Empfehlungen wie für junge, da, um einen wirksamen Impfschutz zu gewährleisten, eine Grundimmunisierung stattfinden muss. Ihr Tierarzt berät Sie gern.

Regelmäßige Wurmkuren

Auch Wohnungskatzen sind durch Würmer gefährdet: Wurmeier sind sehr resistent und können durch Kleidung und Schuhe auch in den Wohnungsbereich gelangen. Bei manchen Wurmarten besteht auch die Gefahr der Übertragbarkeit auf den Menschen. Deshalb sollten Katzen – je nach Präparat – ein- bis zweimal im Jahr vorbeugend entwurmt werden. Fragen Sie Ihren Tierarzt.

EXTRA
Schnelldiagnose

→ Die häufigsten Katzenkrankheiten

Symptome	Mögliche Ursachen	Maßnahmen
Erbrechen	Gastritis, Darmverschluss, Infektionskrankheiten wie FIV, Leukose	Bitte Diät füttern, nach 2 Tagen den Tierarzt aufsuchen. Bei unstillbarem Erbrechen bitte sofort zum Tierarzt.
Verstopfung	Haarballen, Fremdkörper, Darmverschluss	Katze auf Diät setzen. Setzt sie nach 2 Tagen noch keinen Kot ab, muss sie zum Tierarzt.
Durchfall	Würmer, Vergiftung, Infektionskrankheiten (FIV, Leukose)	Diät, eventuell entwurmen. Bei schwerwiegendem oder länger anhaltendem Durchfall zum Tierarzt.
Lahmheit	Insektenstich, Schnittwunde, Bruch, ausgerissene Kralle	Gliedmaßen gut untersuchen. Ein Insektenstich kann mit Essigwasser gelindert werden, alles andere gehört in die Hand eines Tierarztes.
Lähmung	Tollwut, Wirbelsäulenverletzung, Beckenbruch	Unbedingt zum Tierarzt. Liegt ein Verdacht auf Wirbelsäulenverletzung oder Beckenbruch vor, Katze möglichst wenig bewegen und in einer gut gepolsterten Kiste transportieren.
Krämpfe	Vergiftung, Epilepsie, Tollwut	Epilepsie: Wickeln Sie die krampfende Katze vorsichtig in ein Handtuch, damit sie sich selbst und Sie nicht verletzt. In allen Fällen bitte sofort zum Tierarzt.

Symptome	Mögliche Ursachen	Maßnahmen
Nasenausfluss *(wässrig, eitrig oder blutig)*	Infektionskrankheiten (Katzen-schnupfen, FIP), Fremdkörper in der Nase oder der Lunge, Toxoplas-mose, Vergiftung	Ist der Nasenausfluss einseitig und nicht wässrig, deutet dies auf ein ernsthaftes Problem hin (z. B. Fremdkörper), hier bitte zum Tier-arzt. Das gilt auch bei Vergiftungs-verdacht. Bei beidseitig wässrigem Ausfluss kann man die Katze in-halieren lassen.
Augenentzündung	Fremdkörper, Katzenschnupfen, nach innen gewachsene Wimpern	Hier sollte der Tierarzt zurate gezogen werden, damit man das Auge nicht verletzt.
Nickhautvorfall	Würmer, neurologisch bedingt	Wann wurde die Katze zuletzt entwurmt? Bei einem einseitigen Nickhautvorfall mit zusätzlichen Symptomen einen Augenspezialis-ten aufsuchen.
Starkes Speicheln	Zahnstein, Vergiftung, Fremdkörper	Mundhöhle untersuchen. Weist die Katze weitere Vergiftungssymptome auf, sofort zum Tierarzt.
Kopfschiefhaltung	Ohrenentzündung, Fremdkörper im Ohr	Ernst zu nehmendes Problem: Bitte gleich den Tierarzt aufsuchen.
Katze trinkt zu viel	Diabetes, Niereninsuffizienz	Trinkverhalten beobachten. Messen Sie die Menge ab und kontrollieren Sie dadurch, wie viel die Katze tat-sächlich trinkt. Suchen Sie den Tier-arzt auf, damit er eine Diagnose stellen kann.

Kastriert lebt sich's leichter

Schmusen und Kraulen mögen kastrierte Katzen genauso gern wie vor der Kastration.

aufsuchen. Einen unkastrierten Kater in der Wohnung zu halten, ist eine Zumutung, nicht nur für unsere Nase. Über den richtigen Zeitpunkt der Kastration streiten sich die Gemüter. Meine Empfehlung: dann, wenn Sie merken, dass der Urin des Katers in seiner Toilette anfängt streng zu riechen oder er beginnt zu markieren. Das kann, rassebedingt, mit sechs Monaten oder auch erst mit zwei Jahren der Fall sein. Zögern Sie dann aber nicht zu lange, denn ein spritzender Kater kann dieses Verhalten auch noch nach der Kastration beibehalten.

Vorteile der Kastration

Früher oder später steht jeder Katzenbesitzer vor der Frage: Lasse ich meine Katze kastrieren oder nicht? Eigentlich bedarf es keiner langen Überlegung, denn frei laufende und verwilderte Katzen gibt es genug, und jedem dürfte das Katzenelend bekannt sein.
Für die Wohnungskatze gibt es eigentlich auch nur eine Entscheidung, nämlich die Kastration, es sei denn, Sie haben sich bewusst eine Zuchtkatze gekauft.

Beim Kater

Ein natürliches Verhalten des unkastrierten Katers ist die Markierung seines Reviers mit übel riechendem Urin, und genau das ist es, warum auch die absoluten Gegner einer Kastration früher oder später doch den Tierarzt

Nach der Kastration lieben Katzen die Gemütlichkeit der häuslichen Umgebung noch mehr.

Bei der Katze

Im Frühjahr, Sommer und Frühherbst kann eine unkastrierte Katze, wenn sie nicht gedeckt wird, etwa alle vierzehn Tage rollig werden. Sie ist unruhig, schreit mal mehr und mal weniger (das ist auch wieder von der Rasse abhängig) und wälzt sich auf dem Boden hin und her. Dieser Zustand dauert ca. eine Woche und ist für den Besitzer eine wahre Geduldsprobe.

Der richtige Zeitpunkt für die Kastration wäre nach der ersten Rolligkeit, aber aufpassen, dass in dieser Zeit kein Kater in der Nähe weilt, auch nicht der Bruder!

Da bei der Kastration beider Geschlechter die Sexualorgane entfernt werden, unterbleibt auch das Sexualverhalten, d. h. das Spritzen der unkastrierten Kater und die Rolligkeit der unkastrierten Katzen.

Sterilisation – nein danke!

Bei der Sterilisation werden beim Kater die Samenleiter und bei der Kätzin die Eileiter durchtrennt, wodurch sich die unangenehmen Seiten des Sexualverhaltens nicht verändern. Der Kater wird weiterhin mit übel riechendem Urin die Wohnung markieren und die Kätzin weiterhin schreiend nach einem Kater suchen. Deshalb muss für Wohnungskatzen unbedingt zur Kastration geraten werden.

Der Eingriff

Bei der Kastration werden bei beiden Geschlechtern die Sexualorgane entfernt. Beim Kater werden die Hoden entfernt, bei der Katze die Eierstöcke und die Gebärmutter. Die Operation wird unter Vollnarkose durchgeführt. Beim Kater ist es ein kleiner Eingriff. Schon wenige Stunden nach der OP

→ Der Charakter bleibt

Es stimmt nicht, dass kastrierte Katzen ihren Charakter verändern und fett und faul werden. Eine liebe Katze bleibt spielfreudig und anhänglich. Für Übergewicht ist zu viel Futter und zu wenig Bewegung verantwortlich, und da ist der Mensch gefordert.

kann er wieder herumspringen, als ob nichts gewesen wäre.

Bei der Katze dagegen ist die Kastration aufwendiger. In Vollnarkose wird ein Bauchschnitt gemacht, um die Organe zu entfernen. Danach benötigt die Katze unbedingt ein paar Tage Ruhe.

Wenn Katzen älter werden

Junge Kätzchen haben einen besonderen Reiz, aber aus dem Kätzchen wird schnell eine ausgewachsene Katze. Mit einem Jahr sind unsere Samtpfoten je nach Rasse schon ausgewachsen.

Wie alt werden Katzen?

Die Lebenserwartung von Katzen ist in den letzten Jahren dank besserer Ernährung und vorbeugenden Impfungen bedeutend gestiegen. Es ist keine Seltenheit, dass Katzen ein gesundes Leben von 17 und manche sogar von mehr als 20 Jahren verbringen.

Meine Katze wird älter

Dadurch, dass Ihre Katze in der Wohnung gehalten wird, hat sie die größten Chancen, alt zu werden. Es gibt aber auch eine Anzahl medizinischer Probleme, die insbesondere bei älteren Katzen auftreten, wie bestimmte Tumoren, Verstopfung oder Nierenleiden, weshalb für eine ältere Katze eine regelmäßige tierärztliche Untersuchung besonders wichtig ist.

Es mag jetzt so aussehen, als wäre das Alter eine risikoreiche Angelegenheit für die Katze. Das muss aber nicht so empfunden werden. Akzeptieren Sie es, und freuen Sie sich doch einfach, wenn gerade Ihre Katze so alt wird.

Das Alter kommt auf leisen Pfoten. Erste Altersanzeichen bemerkt man oft erst nach dem 10. Lebensjahr oder noch später.

Im Alter von ungefähr 7 Jahren setzt eine Verlangsamung ihrer Lebensvorgänge ein. Wann man dies bemerkt, kommt auf die einzelne Katze an. Bei meinen Katzen habe ich Verhaltensänderungen ungefähr ab dem 10. Lebensjahr festgestellt.

Die meisten alten Katzen suchen sich dann warme Plätzchen und schlafen länger, aber trotzdem sind sie immer noch zum Spielen aufgelegt, wenn auch nicht mehr ganz so wild und ausdauernd wie in ihrer Jugend.

Die Futtermittelindustrie bietet speziell auf die Bedürfnisse älterer Katzen abgestimmte Tiernahrung an. Dieses Seniorenfutter sollten Sie Ihrer Katze nun anbieten.

Der Abschied

Irgendwann steht man vor der Entscheidung, sein geliebtes Tier einschläfern zu lassen. Dies ist eine der schmerzlichsten Entscheidungen, die ein Tierhalter treffen muss. Je länger man mit einem Tier zusammenlebt, umso intensiver ist die Beziehung. Wenn das Leben für die Katze durch Krankheit zur Last geworden ist und

es keine Aussichten auf Heilung gibt, so sollte der Zeitpunkt für das Einschläfern gekommen sein. Die Besitzer reagieren darauf sehr unterschiedlich, jedoch sollte das Wohlergehen der Katze das wichtigste Entscheidungskriterium sein. Auch für einen Tierarzt ist das keine angenehme Aufgabe, und er wird deshalb zu diesem Schritt nur raten, wenn er ihn für absolut notwendig hält. Bleiben Sie bis zuletzt bei Ihrer Katze. Streicheln Sie sie sanft und sprechen Sie mit ruhiger liebevoller Stimme mit ihr, während der Tierarzt sie einschlafen lässt.

Danach kommt die traurige Frage: „Was mache ich mit dem Tierkörper?" Manche Tierbesitzer lassen ihre verstorbene Katze dann in der Tierarztpraxis. Der Leichnam landet dann in der Tierbeseitigungsstelle. Wer einen Garten besitzt, kann seine Katze auch begraben, wenn er die gesetzlichen Bestimmungen beachtet. Für Katzenfreunde, die keinen Garten haben, gibt es auch andere Möglichkeiten, z. B. den Tierbestatter. Tierbestattungsunternehmen betreiben entweder einen Tierfriedhof oder veranlassen die Einäscherung des Tieres (Adressen im Internet: www.tierbestatter-bundesverband.de).

Ältere Katzen haben ein höheres Ruhebedürfnis und schlafen mehr.

Auf einen Blick
Mein Pflegeplan

Täglich

Wasser
Wechseln Sie ein- bis zweimal am Tag das Wasser und säubern Sie den Wassernapf, damit keine Bakterien entstehen.

Futter
Füttern Sie Ihre Katze zweimal am Tag (Menge S. 35). Bieten Sie das Futter möglichst immer zur gleichen Zeit an. Katzen lieben Pünktlichkeit.

Katzentoilette
Die Katzenstreu braucht nicht jeden Tag komplett erneuert werden. Entfernen Sie aber die feuchten verklumpten Stellen und Exkremente mit einer Schaufel täglich zweimal, und füllen Sie frische Streu nach. Da Katzen sehr reinliche Tiere sind, gehen sie ungern auf eine nicht gesäuberte Toilette. Verschmutzte Streu muss also möglichst rasch entfernt werden (nicht in die Toilette entsorgen!).

Spielen und schmusen
Beschäftigen Sie sich täglich mit Ihrer Samtpfote. Spielen und schmusen Sie zusammen und nehmen Sie sich dabei viel Zeit.

Gesundheits-Check
Kontrollieren Sie beim Schmusen täglich, ob das Fell glänzt, Augen, Ohren, Nase und Po sauber, trocken und ohne Ausfluss sind. Eventuelle Verschmutzungen entfernen Sie vorsichtig.

Fellpflege für Langhaarkatzen
Langhaarige Stubentiger wie Perser müssen täglich gekämmt werden, damit das Fell nicht verfilzt.

Katzentoilette

Einmal in der Woche sollten Sie die Katzentoilette mit heißem Wasser auswaschen, dazu aber auf keinen Fall Desinfektionsmittel benützen, denn diese könnten giftig sein, und vielleicht mag Ihre Katze den Geruch nicht. Nach dem Trocknen wird die Toilette mit frischer Streu aufgefüllt (mindestens 5 cm hoch).

Ohren reinigen

Einmal wöchentlich sollten Sie Ihrer Katze den Ohrenschmalz in der äußeren sichtbaren Ohrmuschel sanft entfernen. Benutzen Sie dabei einen leicht angefeuchteten Wattebausch oder ein Kosmetiktuch. Keine Wattestäbchen verwenden!

Katzengras

Kontrollieren Sie einmal in der Woche das Blumentöpfchen mit Ihrem Katzengras. Gießen Sie es zweimal die Woche und tauschen es gegebenenfalls gegen neues aus.

Schlafplatz

Kontrollieren Sie die Schlaf- und Liegeplätze Ihrer Katze und waschen Sie ihre Kuscheldecken und -kissen. Achtung! Wenn Sie dunkle Pünktchen entdecken, handelt es sich wahrscheinlich um Flohkot. Lassen Sie sich vom Tierarzt ein Flohmittel geben.

Zubehör auf Sicherheit prüfen

Überprüfen Sie regelmäßig Zubehör wie Netze am Balkon, Fenstergitter etc. Sind sie immer noch fest verankert? Nicht gerissen? Gibt es Äste, die in den Nachbargarten ragen? Steht der Kratzbaum noch sicher? Ist das Spielzeug angekaut oder zerfetzt, dass sich Teile lösen, die verschluckt werden können? Beschädigtes Zubehör wird ausgetauscht.

Kümmern Sie sich rechtzeitig um einen lieben Menschen, der Ihre Katze während der Urlaubszeit versorgt. Wenn Sie Ihre Katze mit auf die Reise nehmen möchten, informieren Sie sich zeitig über die Bestimmungen des jeweiligen Landes und vergessen den Heimtierpass nicht. Mehr zum Thema Urlaub S. 42.

3

Verstehen & beschäftigen

Katzensprache verstehen

Katzen haben eine ausdrucksstarke Körpersprache. Durch ihre Körperhaltung zeigen sie uns, wie sie sich fühlen. Beobachten Sie Ihre Katze genau, dann werden Sie sie immer besser verstehen. Besonders an der Schwanz- und Ohrenstellung kann man erkennen, wie die Katze gerade bei Laune ist. Achten Sie auf folgende Signale:

Zur Begrüßung kommt Ihnen Ihre Katze mit erhobenem Schwanz entgegen. Streicht sie dann noch an Ihren Beinen entlang und „gibt Köpfchen", drückt das ein Zusammengehörigkeitsgefühl aus.

Der Schwanz

Er wird normalerweise von der Katze in einer flachen S-Stellung getragen, wobei die Schwanzspitze einen leichten Bogen nach oben macht. Bei Aufregung fängt die Schwanzspitze an zu zittern, was sich bis zum starken Hin-und-Her-Peitschen steigern kann. Gut

beobachten kann man das, wenn die Katze einer Beute auflauert und angreift – ob echt oder nur im Spiel. Sie sitzt dabei in einer geduckten Haltung und tretelt mit den Hinterbeinen, bis der Sprung und der Angriff erfolgt. Der peitschende Schwanz ist eine Drohung und bedeutet Gefahr. Deshalb sollte man seiner Mieze nun rasch aus dem Weg gehen.

Katzenbuckeln

Sieht eine Katze sich plötzlicher Gefahr gegenüber – das kann z. B. eine fremde Katze oder auch ein Hund sein –, so macht sie einen Buckel, richtet die Rückenhaare auf, und der gebogene Schwanz sieht aus wie eine „Flaschenbürste". Damit macht sich die Katze für ihren Gegner größer, als sie in Wirklichkeit ist, was den anderen einschüchtern soll. Bei diesem Imponiergehabe sind die Ohren flach nach hinten gelegt, und auch ohne die anderen Merkmale sieht man schon an dieser Ohrenstellung, was in der Katze vorgeht.

Die Ohrenstellung

Sie zeigen am deutlichsten die jeweilige Stimmungslage der Katze an. Die normale Stellung der Ohren ist nach vorn gerichtet und ruhig – dann ist alles in bester Ordnung. Bei der geringsten Beunruhigung bewegen sich die Ohren in alle Richtungen. Bei seitlich gestellten Ohren ist sie schon

etwas ungnädig und möchte in Ruhe gelassen werden. Die nach hinten gerichteten Ohren signalisieren Wut und Aggression – akustisch oft von Fauchen und Spucken begleitet. Erhebt sie dann noch ihre Pfote, so ist das die letzte Warnung.

Rückenlage

Dreht die Katze sich im Kampf auf den Rücken, so hat sie dabei alle vier Pfoten und damit auch ihre Krallen zur Verteidigung bereit – diese Körperhaltung hat also nichts mit Unterwerfung zu tun! Im Gegensatz dazu ist es ein Beweis von größtem Vertrauen gegenüber ihrem Menschen, wenn die Katze ihm in entspannter Haltung genussvoll ihren Bauch zum Kraulen und Streicheln überlässt.

Treteln und Kratzen

Ein Überbleibsel aus frühesten Kindheitstagen ist das „Treteln", der sogenannte „Milchtritt", wodurch das Kätzchen ursprünglich die Milchproduktion an der Mutterzitze angeregt hat. Dieses sanfte, bedächtige Treten mit den Vorderpfoten ist ein Ausdruck

höchsten Wohlbehagens der Katze, und sie macht das bis ins hohe Alter. Andererseits sind die Pfoten der Katze auch ihre beste Waffe. Die messerscharfen Krallen sind nicht nur zum Fangen von Beute da, sie können dem Gegner durchaus auch ganz erhebliche Wunden zufügen.

Die Augen – auf oder zu?

Nicht nur Ohren, Schwanz und Pfoten zeigen die Stimmung der Katze an, es ist der gesamte Körper und der Gesichtsausdruck, die als Einheit betrachtet werden müssen. In wachem Zustand sind die Augen offen und die Pupille ist entsprechend dem Lichteinfall angepasst. Katzen dösen sehr gern, und dabei ist der Ausdruck ganz entspannt und die Augen sind halb geschlossen. Ärgert sich die Katze über irgendetwas, verengen sich die Pupillen, und die Schnurrhaare sträuben sich nach vorn. Bei größter Aufregung und kurz vor dem Angriff öffnen sich die Pupillen weit, die Schnurrhaare werden zurück- und die Ohren angelegt.

Bei diesem skeptischen Blick ist Vorsicht geboten.

Manchmal juckt das Fell auch ohne Flohbefall und Kratzen hilft.

EXTRA
Katzen-Dolmetscher

Katzen sind gesprächig

Manche Katzen – wie beispielsweise Siamesen – sind sogar richtige Quasselstrippen. Katzen schnurren, fauchen, schnarchen, zischen, mauzen, miauen und noch viel mehr! Außerdem haben sie eine ausdrucksstarke Körpersprache. Katzen „sprechen" zwar mit ihrem Menschen, da der Mensch aber nur bedingt die Katzensprache beherrscht ist es viel schöner, wenn eine Wohnungskatze noch einen kätzischen Gesprächspartner hat. Hier finden Sie die wichtigsten Informationen zur Katzensprache – kompakt auf einen Blick. Beobachten Sie Ihre Katze viel, dann lernen Sie am einfachsten ihre Sprache.

Katzen kommunizieren auf vielerlei Arten. Sie haben Duftdrüsen an den Wangen, an den Pfotenballen, an der Schwanzwurzel und am After. Beim Köpfchenreiben und Krallenwetzen verteilen sie diesen Duft auf „ihrem" Besitz.

→ Lautsprache

Miauen	Kann viele Bedeutungen haben, von der Begrüßung bis zum Fordern von Futter. So macht die Katze auf sich aufmerksam. Es kann in Varianten auftreten, die nach „Mau" oder „Mi-Mi" klingen.
Maunzen	Klingt wie ein Klagelaut. Katzen maunzen z. B., wenn sie ein Spielzeug bringen oder wenn sie rollig sind.
Schnurren	Der typische Wohlfühllaut bei Katzen. Doch Achtung: Katzen schnurren auch, wenn sie Schmerzen oder große Angst haben.
Fauchen, Knurren, Spucken	Diese Laute bringt die Katze dann hervor, wenn sie aggressiv ist, einem Gegener droht oder gleich zum Angriff übergeht.
Schnattern	Dieser Laut ist eine sogenannte Übersprunghandlung: Die Katze sieht vom Fenster aus einen Vogel, weiß, dass sie ihn nicht erreichen kann, und fängt vor Erregung an zu schnattern.

→ Verhalten und Körpersprache

Um die Beine streichen, Köpfchengeben	So markiert die Katze nicht nur ihren Menschen als ihr „Eigentum", sondern auch wichtige Stellen und Gegenstände in ihrem Revier.
Schwanz in S-Form getragen	Die Katze ist entspannt und fühlt sich wohl.
Peitschender Schwanz	Große Anspannung beim Belauern einer Beute – das kann auch Spielzeug sein – oder gegenüber fremden Katzen oder Hunden.
Katzenbuckel	Das ist die Imponierhaltung einer Katze. Damit versucht sie größer zu erscheinen und einen Gegner vor dem Angriff einzuschüchtern.
Ohren nach vorn gedreht	Trägt die Katze die Ohren nach vorn gerichtet, ist sie entspannt.
Ohrenspiel	Auffallendes Ohrenspiel zeigt die Katze, wenn sie etwas gehört hat, was ihre Aufmerksamkeit oder auch ihr Missfallen erregt hat.
Ohren nach hinten	Jetzt ist die Katze so richtig sauer. Achtung, es könnte gleich ein Angriff folgen.
Pfote heben	Das hat nichts mit dem freundlichen „Pfötchengeben" bei Hunden zu tun. Bei einer Katze ist es eine ernst gemeinte Drohung.
Treteln	Tritt die Katze beim Streicheln rhythmisch mit den Pfoten, so ist das ein großer Liebesbeweis und zeigt an, dass sie sich sehr wohlfühlt.

Die tollsten Spiele für deinen Stubentiger

Schleichen, Springen, Haschen, Fangen – was gibt es Schöneres als Spielen!

Katzenangel

Ein wunderbares Spielzeug ist eine Angel, an der eine Feder, ein Glöckchen, ein Bällchen oder eine Maus hängt. Bewege die Angel so, dass das Spielzeug mal schnell, mal langsam über den Boden huscht. Zieh das Spielzeug aber immer weg von der Katze und nie auf sie zu.

Bälle-Bad

Mit Tischtennisbällen kann man herrlich spielen. Verstecke ein paar Leckerchen in einer Schachtel, fülle sie mit den Bällchen auf. Dann lässt du deinen Tiger die Leckereien suchen. Das macht Spaß!

Aus die Maus!

Katzen lieben alles, was klein ist und sich bewegt, zum Beispiel eine Spielzeugmaus mit Glöckchen. Und schon kann die Mäusejagd beginnen! Du kannst die Maus werfen, und die Katze bringt sie wieder zurück. Du kannst sie auch in die Luft werfen, und die Katze erhascht sie!

Pfotelspaß

Für dieses Geschicklichkeitsspiel brauchst du einen Setzkasten und ein paar Leckerchen. Deine Mieze muss sich anstrengen, um an die Leckerei zu kommen. Es ist gar nicht so einfach, die Leckis herauszupfoteln.

Das mag deine Katze	Das mag deine Katze nicht
→ Spielen	→ Angezogen werden
→ Schmusen	→ Baden
→ Ein Nickerchen in deinem Bett	→ Im Zimmer eingesperrt werden
→ Aus dem Fenster schauen	→ Am Schwanz gezogen und
→ Dich	→ Herumgezerrt werden

Katzenabenteuer –
in der Wohnung

Damit Ihre Katze den Freilauf nicht vermisst, braucht sie Abwechslung. Und die können Sie Ihrer Samtpfote leicht ermöglichen, wenn Sie sich viel mit ihr beschäftigen und Ihre Wohnung in einen Abenteuerspielplatz verwandeln. Es braucht nicht viel, und das Katzenabenteuer kann beginnen!

So macht die Wohnung Spaß

Aus Baumstämmen oder festen Pappollen (Hülsen von Teppichrollen), Spanplatten, Sisal und Teppichboden können Sie leicht eine individuelle Katzenwohnlandschaft basteln. Wie beim Kratzbaum (siehe S. 23) ist das Wesentliche dabei immer die Standfestigkeit des Katzenmobiliars.

An der Wand entlang

Dübeln Sie beispielsweise in luftiger Höhe einige leere Regalbretter an der Wand fest. Am besten in unterschiedlicher Höhe mit einem „Katzensprung" dazwischen. Ihre Katze kann dort balancieren, klettern und ein kleines Nickerchen machen. Katzen lieben erhöhte Aussichtspunkte. Wenn das aus Platzgründen nicht geht, freut sich Ihr Stubentiger auch über etwas „leeren" Regalplatz, den er für sich nutzen kann.

Katzengras – wie duftet das!

Eine Schale Katzengras gehört unbedingt zum Katzenglück (siehe auch

Katzen sind die einzigen Haustiere, die ihren Spieltrieb ihr ganzes Leben lang so ausgeprägt beibehalten. Oft heißt es deshalb: Katzen werden nie erwachsen.

S. 37). Sie holen Ihrer Katze damit ein Stückchen Natur in die Wohnung. Sie können Duftkissen auch selbst machen: Ein Säckchen, gefüllt mit Wiesenheu oder Katzenminze, sorgt für herrliche Miezenträume.

Ab in den Karton!

Bieten Sie auch Abwechslung in Form von Kartons unterschiedlicher Größen, in die Sie Löcher schneiden und die Ihre Katze erforschen kann. Katzen lieben dunkle Höhlen, in eine größere Schachtel wird Ihre Mieze vielleicht hineinkriechen. Aus einem kleinen Karton mit Löchern kann sie Leckerchen oder ein Spielzeug herauspfoteln.

Gummitwist hält Katzen fit

Binden Sie ein kleines Spielzeug oder eine Kordel an ein Hosengummi. Das Hosengummi hängen Sie z. B. an den Türrahmen oder die -klinke. Jetzt kann die wilde Jagd beginnen. Das Spielzeug schnellt hin und her, und Ihre Katze tanzt einen flotten „Gummitwist".

→ **Spielen –**
ohne geht's nicht!

Besonders für Katzen, die nur in der Wohnung gehalten werden, ist es wichtig, immer wieder zum Spielen animiert zu werden, da ihnen der Zeitvertreib des Beobachtens und Entdeckens in der freien Natur verwehrt ist. Der Katzenhalter muss für Abwechslung sorgen und sich neue Spielideen ausdenken. Wie ein Hundehalter mit seinem Hund regelmäßig Gassi gehen muss, so muss der Katzenhalter mit seiner Katze spielen, gerade wenn sie ausschließlich in der Wohnung gehalten wird. Mehr Spielideen finden Sie S. 62 & S. 69.

Ein Säckchen mit Katzenminze – ein Wohlgeruch für jede Katze

Zusammenleben mit anderen Tieren
Mit Hund & Katz

Wie Hund und Katz? Das muss nicht sein! Katzen und Hunde können tatsächlich friedlich miteinander unter einem Dach leben. Manchmal entsteht sogar eine echte Freundschaft.

Was heißt schon Wedeln
Schluss mit Missverständnissen
Damit das Zusammenleben klappt, müssen Hund und Katze lernen, sich anzupassen und gegenseitig zu akzeptieren. Denn dass es zwischen Hund und Katze zu dem sprichwörtlichen Hass kommt, liegt in ihren unterschiedlichen „Sprachen" begründet. Durch ihre grundverschiedenen Körpersprachen kommt es eigentlich ab dem ersten Moment der Begegnung zu einer Reihe von Missverständnissen. Das Wedeln des Schwanzes bedeutet für den Hund Freude und Wohlbefinden, bei der Katze heißt es Gereiztheit und Angriffslust. Das einfache Ohrenanlegen des Hundes als Ausdruck der Entspannung signalisiert der Katze Furcht und Kampfbereitschaft. Schon beim allerersten Beschnüffeln der Katze durch einen freundlich gesinnten Hund beginnen die Missverständnisse, weil die Katze einen Fremden an der Nase beschnuppern würde, der Hund aber das andere Ende seines Gegenübers zur Aufnahme freundschaftlicher Beziehungen aufsucht. Beide Tiere stufen ein artuntypisches Beschnüffeln als feindselig ein, d. h., die Katze faucht und ergreift die Flucht, und der eben noch freundliche Hund erinnert sich dadurch an seine Jagdinstinkte. Es gibt auch noch eine andere Verwechslungsmöglichkeit: Beide müssen lernen, Schnurren und Knurren auseinanderzuhalten. Einig sind sie sich beim Sträuben der Nackenhaare, das für beide unmissverständlich Kampfbereitschaft bedeutet. Hunde und Katzen müssen deshalb lernen, einander zu verstehen, doch dies ist nur möglich, wenn sie nicht verängstigt oder negativ vorgeprägt sind.

Hund und Katze aneinander gewöhnen
Am einfachsten ist es natürlich, beide als Jungtiere aneinander zu gewöhnen; sie lernen in angstfreier, ungezwungener Atmosphäre, einander zu akzeptieren. Bei beiden Tieren muss eine friedliche Einstellung erkennbar sein. So kommt es bei der ersten Begegnung hauptsächlich auf das Verhalten der Katze an. Der Hund akzeptiert leichter neue Mitglieder in „seiner Familie", dabei hilft ihm sein geselliges Wesen. Die Katze hingegen entscheidet nicht überstürzt, sie lässt sich Zeit, beobachtet ein wenig und lotet die Kraft und Stärke des anderen aus, bevor sie sich für das eine oder andere entscheidet. Katzen verhalten sich untereinander so, warum sollten sie bei einem Hund eine Ausnahme machen? Hat sich die Katze zur Freundschaft entschlossen, so hält sie meist ein Katzenleben lang.

Vorsicht! Eine Katze, die sich mit einem Hund den Haushalt teilt, ist deshalb nicht grundsätzlich hundefreundlich. Fremden Hunden gegenüber wird sie immer misstrauisch bleiben.

Diese Beiden verstehen sich ganz prächtig.

Problematischer kann es werden, wenn eines der beiden Tiere schon länger im Haus lebt und das Auftauchen des anderen als „Revierverletzung" empfunden wird. Die Erfahrung zeigt, dass Hunde als geselliges Rudeltier Neuankömmlinge schneller akzeptieren und aufnehmen. War die Katze das erste Tier und ein Hund kommt dazu, wird es wohl etwas längere Zeit dauern, da Katzen eher vorsichtig und misstrauisch reagieren und auch schnell eifersüchtig werden können. Mit Geduld und Fingerspitzengefühl kann man auch diese Probleme lösen, vor allem sollte der Neuankömmling ein noch sehr junges Tier sein, wenn möglich höchstens ca. 3 bis 4 Monate alt. Zwei erwachsene Tiere aneinander zu gewöhnen, ist allerdings außerordentlich schwierig. Dabei kommt es darauf an, welche Erfahrungen die Tiere gemacht haben und wie alt sie sind. Der Besitzer muss schon sehr tiererfahren sein, sich mit dem Verhalten beider Tierarten gut auskennen und sehr einfühlsam vorgehen können.

Kleintiere und Katzen

Kleintiere wie Fische, Vögel und Kleinnager kann man durchaus neben einer Katze pflegen. Eine der elementarsten Bedingungen muss man allerdings beachten: Heime und andere Behausungen sollten kippsicher und stets außerhalb der Reichweite der Katze aufgestellt werden, schon allein um den Tieren den Stress zu ersparen, den der Anblick ihres natürlichen Feindes hervorrufen würde.

Fische und Katzen

Fische sind relativ sicher, wenn sie in einem größeren Aquarium gehalten werden, eine Abdeckung ist jedoch von Vorteil. Es gibt Katzen, die stundenlang vor einem Aquarium sitzen und die Fische beobachten.

Spielen & beschäftigen

Spielen ist gesund

Spielen hält die Katze gesund und fit. Es ist immer wieder erstaunlich, auf welche Ideen Katzen kommen, und es gibt nichts, womit sie nicht spielen können – und seien es nur die Fransen vom Teppich.

Spielen ist Jagen

Nach dem Prinzip Beobachten, Lauern, Anschleichen, Springen und Fangen wechselt nur der Gegenstand, mit dem gespielt wird. Alles was sich bewegt, sei es ein Schnurende, ein Tischtennisball oder ein trockenes Blatt im Wind, muss verfolgt, eingeholt, mit den Pfoten geschlagen, festgehalten und mit der Schnauze gepackt werden. Hat die Katze die „Beute", will sie weiterspielen. Loslassen, hochwerfen, darüberspringen und wieder fangen hält Katzen ganz schön fit und trainiert ihre Geschicklichkeit. Genau nach diesem Muster verläuft auch die Mäusejagd.
Denken Sie nicht, einer frei laufenden Katze genügt die Jagd nach Mäusen draußen. Nein, auch der größte Mäusefänger hat immer noch Zeit, sich dem Spiel – oder dem Training? – mit anderen Gegenständen zu widmen.

Spielideen

Geknüllt und eingefüllt

Eines der einfachsten Spielzeuge ist Zeitungs-
papier oder die „Luxusvariante" Seidenpapier,
das zu Papierbällen zusammengeknüllt wird –
ein wunderbares raschelndes Spielzeug, dem
man herrlich hinterherjagen kann.
Variante für noch mehr Katzenspaß: Füllen Sie
die „Knüller" in eine Schachtel.

Schlangen fangen

Nehmen Sie eine dickere Schnur. Das Ende
lassen Sie auf dem Boden aufliegen und gehen
mit dieser Schnur in der Wohnung auf und ab,
und Sie werden sehen, wie begeistert Ihre Katze danach springt und sie zu fangen versucht.
Man kann natürlich auch an das eine Ende
eine Fellmaus, eine Feder oder ein Papier-
bällchen anbinden, um so die Attraktivität zu
erhöhen.

Federleichter Spielespaß

Meine Katzen lieben Pfauenfedern. Man kann
die Katzen mit so einer Feder zum Hoch-
springen verlocken, sie anschleichen lassen,
und ab und zu muss man ihnen die Beute
auch überlassen.

„Glühwürmchen" jagen

Nehmen Sie eine Taschenlampe und lassen Sie
den Lichtpunkt über den Boden huschen. Aus-
schalten, wieder ein, rauf, runter, rechts, links.
Ihre Katze wird das „Glühwürmchen" jagen,
wetten?

Gegen Langeweile

Irgendwann wird auch das tollste Spielzeug für
die Katze langweilig und man muss das Spiel
wechseln. Nach einer gewissen Zeit kann man
die Spiele wiederholen. Räumen Sie das Spielzeug weg, sodass die Katze nicht mehr damit
spielen kann. Irgendwann wird es so wieder
attraktiv für sie.

Spielregeln

→ Spielen Sie nur, wenn Ihre Katze auch Lust
dazu hat.
→ Ziehen, rollen oder werfen Sie das Spielzeug immer weg von der Katze und nie auf
sie zu.
→ Wenn die Katze beim Spielen kratzt, bre-
chen Sie das Spiel sofort ab.
→ Geben Sie Ihrer Katze eine kleine Belohnung, wenn Sie etwas gut gemacht hat.

Sicherheit beim Spielen

Wer kennt es nicht, das Bild der Katze mit der
Spielzeugmaus. Katzen finden diese Mäuse
überaus attraktiv, besonders wenn sie klap-
pern. Entfernen Sie die Augen und die Nase,
die aus gefährlichen spitzen Stecknadeln beste-
hen, bevor Sie Ihrer Katze das Spielzeug überlassen. Katzen lieben Schnüre, Bänder und
Wollknäuel. Leider nehmen sie diese auch gern
ins Maul. So sind sie schnell verschluckt oder
um den Hals gewickelt, und das Spiel endet
nicht selten tragisch. Dasselbe kann mit den
Ringel- oder Kräuselbändern an Geschenken
passieren. Lassen Sie Ihre Katze deshalb nie
allein mit solchen Spielzeugen und passen Sie
auf, dass sie sie weder verschluckt noch sich
verheddert.

Bildnachweis

Alle Farbfotos von Ulrike Schanz / Kosmos.

Impressum

Umschlaggestaltung von eStudio Calamar unter Verwendung
von zwei Farbfotos von Ulrike Schanz / Kosmos.

Mit 117 Farbfotos.

Alle Angaben in diesem Buch erfolgen nach bestem Wissen und Gewissen. Sorgfalt bei der
Umsetzung ist indes dennoch geboten.
Der Verlag und die Autorin übernehmen keinerlei Haftung für Personen-, Sach- oder Ver-
mögensschäden, die aus der Anwendung der vorgestellten Materialien und Methoden entstehen könnten.

Unser gesamtes lieferbares Programm und viele
weitere Informationen zu unseren Büchern,
Spielen, Experimentierkästen, DVDs, Autoren und
Aktivitäten finden Sie unter **www.kosmos.de**

Gedruckt auf chlorfrei gebleichtem Papier

© 2008, Franckh-Kosmos Verlags-GmbH & Co. KG, Stuttgart
Alle Rechte vorbehalten
ISBN 978-3-440-11143-7
Redaktion: Ute Kristin Schmalfuß
Gestaltungskonzept: solutioncube GmbH, Reutlingen
Gestaltung & Satz: Atelier Krohmer, Dettingen/Erms
Produktion: Eva Schmidt
Printed in Germany / Imprimé en Allemagne

Register

Meine Serviceseite

Zum Weiterlesen

Brehmer, Marion:
Bach-Blüten für die Katzenseele.
Kosmos 2004.

Grimm, Hannelore und Isabella Lauer:
Katzen. Richtig halten und verstehen.
Kosmos 2008.

Grimm, Hannelore:
Kätzchen. KOSMOS 2007.

Halls, Vicky:
Die Katzenflüsterin. Kosmos 2007.

Lauer, Isabella:
Meine Katze. KOSMOS 2008.

Lauer, Isabella:
Populäre Irrtümer über Katzen. Kosmos 2007.

Lauer, Isabella:
Warum Katzen immer auf den Pfoten landen.
222 Fragen und Antworten rund um die Katze.
Kosmos 2006.

Lauer, Isabella:
Zwei Katzen, doppeltes Glück. Auswahl,
Eingewöhnung und harmonisches
Zusammenleben. Kosmos 2004.

Leyhausen, Paul:
Katzenseele. Wesen und Sozialverhalten.
Kosmos 2005.

Metz, Gabriele:
Katzenrassen. Alle Rassen und alle Farben.
Kosmos 2006.

Dr. Wolf:
Tiersprechstunde für Katzen.
Kosmos 2003.